Berichtigung.

Durch ein Versehen der Druckerei ist auf S. 76 und 77 die Anmerkung 2, welche durch eine neue ersetzt wurde, in der alten Form stehen geblieben. In Wirklichkeit muſs es dort heiſsen:

2) An dieser Stelle möchte ich auf eine neuere Veröffentlichung Schloſsmanns hinweisen; dieser Autor glaubt — ohne dafür allerdings in seinen Krankengeschichten einen Beweis beibringen zu können (der doch experimentell leicht möglich wäre) —, daſs beim Abstillen usw. (also am Ende der Säuglingsperiode noch) durch Eindringen artfremden Eiweiſses ins Blut Vergiftungserscheinungen entstehen können.

Experimentelle Studien

über die

Durchgängigkeit der Wandungen des Magen-darmkanales neugeborener Tiere für Bakterien und genuine Eiweifsstoffe.

Von

Dr. Albert Uffenheimer,

Kinderarzt in München.

Mit einer Tafel.

Manuskript abgeschlossen Ende Juni 1905.

Aus dem Hygienischen Institut der Universität München.

München und Berlin.

Druck und Verlag von R. Oldenbourg.

1906.

Am 25. September 1903 hielt E. v. Behring auf der 75. Versammlung von Naturforschern und Ärzten in Kassel einen Vortrag über »Tuberkulosebekämpfung«. Ausgehend von seinen Experimenten der Immunisierung des Rindes gegen die Tuberkulose kam er nach einer Reihe von Überlegungen, speziell pathologisch-anatomischer und tiermedizinischer Art, dazu, zu leugnen, dafs die Gelegenheit zur Infektion mit Tuberkelbazillen (wie sie in der Natur vorhanden ist) für erwachsene Menschen allein für sich einen entscheidenden Faktor repräsentiere für die Entstehung der Lungenschwindsucht. Er gestand vielmehr ein Vorkommen tuberkulöser Lungenerkrankungen mit schliefslichem Ausgang in Schwindsucht durch Infektionen erwachsener Menschen nur in dem Sinne zu, »dafs auf der Grundlage infantiler Infektion eine Lungenschwindsucht durch die additionellen Infektionen erst zum Ausbruch« gelange. Seine Meinung, wie diese infantile Ansteckung zustande komme, präzisierte er in dem überraschenden Satz: »Die Säuglingsmilch ist die Hauptquelle für die Schwindsuchtsentstehung«.

v. Behring ging dabei aus von den Befunden seines Mitarbeiters Römer, »dafs genuine Eiweifskörper die Intestinalschleimhaut neugeborener Fohlen, Kälber und kleinerer Laboratoriumstiere ebenso unverändert durchdringen und ebensolche Wirkungen auf den Gesamtorganismus ausüben, wie wenn man sie direkt in die Blutbahn hineinbringt, während erwachsene Individuen aller Tierarten die genuinen Eiweiskörper erst verdauen und in sog. Peptone umwandeln müssen, ehe sie die Intestinalschleimhaut passieren können«.

»Das Diphtherieheilserum und das Tetanusheilserum enthalten Heilkörper in Gestalt von genuinem Eiweis. Davon geht nun keine Spur nach stomachaler Einverleibung in das Blut von gesunden erwachsenen Tieren und Menschen über; bei Neugeborenen dagegen kann man nach stomachaler Einverleibung fast quantitativ das unveränderte antitoxische Eiweis experimentell im Blute nachweisen. Diese Entdeckung besagt, dafs die gröfsten Moleküle, welche wir kennen, die genuinen Eiweismoleküle, durch die bei Erwachsenen als dialysierende Membranen fungierenden Schleimhäute nicht unverändert hindurchgehen können, während die Schleimhäute des Säuglings sich ihnen gegenüber verhalten wie ein grofsporiges Filter.«

v. Behring dehnte konsequenterweise seine Nachforschungen auch auf das Verhalten der Bakterien gegenüber dem Darmkanale des Säuglings aus und benutzte zu seinen Versuchen Milzbrand- und Tuberkelbazillen.

Es wird in den folgenden Teilen genau einzugehen sein auf die Einzelheiten dieser Untersuchungen, soweit die Protokolle darüber bis heute vorliegen, hier seien nur kurz die Resultate wiedergegeben, wie sie v. Behring in Kassel referierte.

Meerschweine im Alter bis zu 8 Tagen starben bei Fütterung mit virulenten sporenfreien Milzbrandbazillen (mit Milch gegeben) »ebenso schnell an Milzbrand, wie nach der sonst üblichen Infektionsmethode«.

Nach Verfütterung abgeschwächter Milzbrandbazillen an neugeborene Meerschweine »wurde das Blut bazillenhaltig gefunden, ohne dafs die Versuchstiere hinterher an Milzbrand zugrunde gingen«. Bei der einmaligen Verfütterung von Tuberkelbazillen in sehr geringer Menge zeigte es sich, dafs die neugeborenen oder wenige Tage alten Tiere tuberkulös wurden. »Gab man größere Dosen, dann kam es vor, daß auch ältere Tiere tuberkulös wurden. Bei neugeborenen Tieren fanden wir wenige Tage später als Sektionsbefund submiliare Verdickungen im kleinen und großen Netz mit Tuberkelbazillen, sowie kleine Knötchen an einer dem Blinddarm nahegelegenen Stelle der Mesenterialwurzel. Von besonderem Interesse ist der Entwicklungsgang der alimentären Meerschweintuberkulose bei den am Leben gelassenen Tieren. Immer kann man bei den mit positivem Erfolge gefütterten Tieren, während ihr Allgemeinbefinden noch durchaus normal ist, zuerst Halsdrüsentuberkulose feststellen, ein Erkrankungsmodus, welcher der menschlichen Skrofulose am meisten entsprechen dürfte. Später entwickelt sich nicht selten dasjenige Bild der Meerschweintuberkulose, welches man bisher als den Ausdruck einer Inhalationstuberkulose aufgefaßt hat.«

»Ich sehe in diesen Versuchsergebnissen eine experimentelle Bestätigung meiner schon früher vertretenen Auffassung von der Entstehung auch der epidemiologischen Lungentuberkulose des Menschen und der epizootischen Lungentuberkulose des Rindes durch primär-intestinale Infektion und zwar durch eine intestinale Infektion in sehr jugendlichem Lebensalter, wobei ich unentschieden lasse, ob die intestinale Infektion durch Fütterung oder durch Einatmung zustande kommt.«

v. Behring zog aus seinen experimentellen Feststellungen noch die logische Konsequenz, daß auch alle Milchbakterien die Möglichkeit des Übergangs in die Blutbahn haben, und daß die zufällige Anwesenheit krankmachender Bakterien in der Säuglingsmilch eine verderbliche Wirkung auf den jugendlichen Kindeskörper ausübe. Selbstverständlich suchte der Forscher auch nach dem zwingenden Grund für diesen fundamentalen Unterschied zwischen der Durchlässigkeit der intestinalen Schleimhäute im jugendlichen und im späteren Alter und er konnte noch in diesem Vortrage angeben, daß neugeborene Individuen keine zusammenhängende Epitheldecke auf ihren Schleimhäuten besitzen, und daß ihre fermentabsondernden Drüsenschläuche noch wenig oder gar nicht entwickelt sind. Dies sind die Hauptgrundlagen der neuen Lehre.

Alsbald nach dem Kongrefs erhoben sich zahlreiche Stimmen, die den Behringschen Anschauungen in mehr oder minder scharfer Weise widersprachen. Glänzende Namen, wie Flügge, Orth, Albrecht, B. Fränkel, A. Baginsky hielten es für ihre Pflicht, einer grofsen Reihe von Ableitungen und Theorien des Kasseler Vortrages und weiterer ergänzender Veröffent lichungen zu widersprechen. Aber ein Punkt war es, gegen den sich bis zum Beginn meiner Arbeit nicht ein Wort des Widerspruchs erhob, die behauptete Durch lässigkeit des Intestinaltraktes Neugeborener für Bakterien und genuine Eiweifse.

Gerade hier jedoch mufste nach meiner Meinung eine genaue experimentelle Prüfung erweisen, inwieweit die Behringsche Behauptung generelle Bedeutung habe.

Bei diesem Punkt also setzt meine Arbeit ein. Das Eingehen auf andere Details der Behringschen Veröffentlichungen, so interessant es gerade für den Kliniker wäre, mufs ich mir an dieser Stelle versagen, doch hoffe ich später noch Gelegenheit zu finden, unter Benutzung meiner experimentellen Resultate das gesamte Thema von einer höheren Warte aus zu betrachten. —

Die Möglichkeit, dafs sich der Magendarmkanal Neugeborener anders verhält wie der Erwachsener, kann man nicht ablehnen, weil gewisse Verschiedenheiten in den sekretorischen Funktionen unzweifelhaft sind.

In bezug auf die Desinfektion des Inhalts ist nämlich der Kindermagen — wie wir durch Biedert wissen — wenig leistungsfähig; nur die leicht verdauliche Muttermilch läfst in gehörigen Zwischenräumen die bakterienfeindliche freie Salzsäure aufkommen; bei Kuhmilchnahrung bleibt diese unter Kasein und Salzen gewöhnlich unterdrückt.

Aus der Langermannschen Arbeit über den gleichen Gegenstand geht hervor, dafs das mehr oder minder starke Hervortreten von freier Salzsäure ganz allein die Höhe der Kolonienzahl des Mageninhaltes beeinflufst. Auch Hamburger fand dementsprechend, dafs beim Vorhandensein von freier Salzsäure im Mageninhalt keine Mikroben vorkommen. Ähnliche Ergebnisse

lernen wir für verschiedene Altersstufen aus Arbeiten von
Kijanowsky und Seiffert kennen. Die Keimfreiheit der von
Nahrungsbrei oder Fäces nicht berührten Darmschleimhaut
konnte Kohlbrugge nachweisen; für den leeren Dünndarm
hat erst kürzlich Jundell das Gleiche gefunden. Bei künstlich
ernährten Kindern traf Langermann nie freie Säure,
da der kindliche Magen an und für sich schon weniger HCl
sezerniert als der des Erwachsenen (van Puteren). Hierzu
kommt noch und nicht in letzter Linie die HCl bindende Kraft
des Kaseins und der Milchsalze (Leo und Escherich, Heubner,
Müller). Besonders wichtig erscheint mir der Müllersche
Nachweis, dafs die Kuhmilch ca. dreimal soviel Salzsäure zu
binden imstande ist wie die Frauenmilch. Das sind also Verhältnisse, die an eine mögliche Erleichterung, speziell des Bakterien-
übertritts aus dem kindlichen Magen in die Blutbahn denken
lassen müssen, und die bei der Feststellung der Versuchsan-
ordnungen Berücksichtigung verdienen.

Ich habe die folgenden Untersuchungen am hygienischen
Institut der Universität München von November 1903 ab bis zum
Juni 1905 vorgenommen.

Die Versuche wurden zum gröfsten Teile an neugeborenen
Meerschweinchen angestellt. Einerseits waren die Experimente
so zahlreich und nach so verschiedenen Richtungen hin aus-
gedehnt, dafs nicht gut mehr als eine Tierart zur Verwendung
kommen konnte, andersseits liefsen äufsere Bedingungen (Stall-
verhältnisse, relative Leichtigkeit genügend viel neugeborene
Meerschweinchen zu erhalten) im grofsen Ganzen eine Beschränkung der Arbeiten auf das Meerschweinchen für geraten
erscheinen. Schliefslich ergab sich aber doch die Notwendigkeit,
vergleichende Experimente an Kaninchen anzustellen. Einige
wenige Untersuchungen konnten auch am Menschen vorgenommen werden.

Die Versuche gliedern sich naturgemäfs in solche der Verfütterung von Bakterien und von genuinen Eiweifskörpern. An Bakterien habe ich den Mikrokokkus tetragenus zu einer Reihe von Vorversuchen verwendet, um dann

gleich v. Behring, ausgedehnte Experimente mit dem Milz-
brand- und Tuberkelbazillus anzustellen. Sehr interessante
Wahrnehmungen konnte ich zuletzt noch bei der Verfütterung des
Bazillus prodigiosus machen. Von genuinen Eiweifskörpern
wurde eine gröfsere Anzahl zur Anwendung gezogen. Die
v. Behringsche Behauptung von der Durchlässigkeit der Magendarmwand des Neugeborenen für dieselben stützt sich nur auf die
Römerschen Versuche mit Antitoxinen, die ja wahrscheinlich
an natives Eiweifs gebunden sind, vielleicht aber — sie rein dar-
zustellen ist sicher noch nicht gelungen — auch ohne solches
ihre Wirkungen entfalten können. Es galt also Eiweifskörper mit
heranzuziehen, die wir besser kennen. Als solche waren das
Kuhkasein und das Hühnereier-Eiweifs am geeignetsten.
Weiter habe ich noch Experimente angestellt mit einem hämolytischen Serum, und von Antitoxinen habe ich das der
Diphtherie und des Tetanus verwendet. Es lag nahe, auch
einige Versuche mit Toxinen vorzunehmen. Diese werden in
einem kurzen Anhange Berücksichtigung finden.

Nach den Behringschen Angaben von dem Fehlen einer
zusammenhängenden Epithelschicht auf den Schleimhäuten des
Intestinums schienen auch anatomische (histologische) Untersuchungen in gröfserer Menge erforderlich. Ein besonderes
Augenmerk mufste hierbei auf den etwa mikroskopisch nachweisbaren Übergang der Bakterien durch die Schleimhäute gerichtet
werden. Auch hierüber will ich in einem zweiten Anhang in
Kürze referieren.

———

Sämtliche Versuche sollten eine möglichst einfache Anordnung
haben, welche die im Leben vorhandenen Bedingungen, so weit
es anging, nachahmte.

Ganz besonders kam es bei jeder Art von Fütterung
darauf an, Verletzungen der Schleimhäute sicher zu vermeiden. Alle Experimente mufsten untereinander die gröfste
Übereinstimmung zeigen, um gut verglichen werden zu können.

Die Fütterungen mit flüssigen Medien wurden unter Zuhilfenahme von Pipetten[1]) vorgenommen. Mit diesen gelingt es leicht, die notwendigen Mengen zu verabreichen. Man nimmt die kleinen Tierchen auf die hohle Hand, legt sie auf den Rücken und schiebt (ohne daſs irgendeine Art von Knebel oder Mundsperre verwendet zu werden braucht, wobei Verletzungen sich nicht vermeiden lassen), das spitzige Ende der Pipette seitlich zwischen die Zahnreihen. Hierauf läſst man das zu verfütternde Medium tropfenweise dem Tier auf die Zunge flieſsen und wartet mit dem neuen Tropfen, bis der letzte geschluckt ist[2]). Manchmal ist das keine geringe Geduldprobe, speziell bei den Heilseris, deren Eingabe die Tiere wegen des Carbolgeschmackes widerstreben. Es gibt allerlei kleine Hilfsmittel, um das Hinunterschlucken zu befördern, z. B. ein leichtes Hinabziehen des Unterkiefers von auſsen, ähnlich dem bei Narkosen üblichen englischen Handgriff usw.

Bei der notwendigen Übung und Geduld gelingt es auf diese Weise, jegliches flüssige Medium quantitativ zu verfüttern.

Für die Bakterien-Fütterungen fertigte ich mir eine Glasöse an, die dem von Metschnikoff in seiner Arbeit »Recherches sur le choléra et les vibrions« beschriebenen Instrument ähnelte. Es gelang mit dieser Öse leicht, den Milzbrandbazillenbrei oder die Tuberkelbazillenhäute den Tieren ohne jede Verletzung (seitlich durch die Zahnreihen hindurch) in die Mundhöhle einzuführen.

Jedenfalls scheint mir die von mir angewandte Methodik besser, als wenn man Milch als Vehikel benutzt. Gegen die Verfütterung mit Kuhmilch ist ganz besonders in Betracht zu ziehen, daſs dieselbe ungefähr dreimal so viel Salzsäure bindet wie beispielsweise Frauenmilch, es wird damit also dem Magen

---

1) Zu den ersten Fütterungen mit hämolytischem Serum und mit Tuberkelbazillen dienten gewöhnliche kalibrierte Pipetten, alle übrigen wurden mit solchen von 2 ccm Inhalt, die an ihrem Ende einen derben Gummiball trugen, vorgenommen.

2) Mehr als 2 ccm Flüssigkeit auf einmal zu geben, ist nicht rätlich. Der Magen eines 70 g schweren neugeborenen Meerschweinchens faſste — wie ich mich durch Wägung überzeugte — 2,19 g Wasser.

ein gut Teil seines Denaturierungsvermögens genommen. Weshalb ich bei den Bakterien dazu gekommen bin, dieselben trocken zu verabreichen, wird an späterer Stelle ausgeführt werden[1]). Den Einwand, dafs die nicht in Flüssigkeiten aufgeschwemmten Mikroben viel weniger Möglichkeit haben, mit der Magendarmwand in direkte Berührung zu treten und durch dieselbe durchzudringen, kann ich auf Grund von Beobachtungen mit dem B. prodigiosus widerlegen. Es zeigte sich nämlich, wenn eine Stunde nach der Fütterung die Sektion vorgenommen wurde, gerade an den äufseren, der Schleimhaut naheliegenden Teilen des Magens der Speisebrei rosarot gefärbt (zumeist bedeutend stärker als in der Mitte), und die Untersuchung eben dieser Teile ergab eine Unmasse von Prodigiosuskeimen. —

Über die Vorversuche der Verfütterung von Mikrokokkus tetragenus gehe ich schnell hinweg, da sie mir in der Hauptsache nur zur Feststellung der geeigneten Fütterungs- und Untersuchungstechnik dienten. Der Tetragenus selbst war für das Meerschweinchen wenig virulent, so dafs ein spontaner Tod der Tiere überhaupt nicht zu erwarten war. Von den 5 genau untersuchten Tieren konnte bei keinem in irgendeinem Organ noch Mikrokokkus tetragenus aufgefunden werden.

Versuche mit dem Milzbrandbazillus.

Über seine mit Much ausgeführten Milzbrandexperimente gibt von Behring im 8. Heft seiner Beiträge Näheres an. Darnach hat er abgewogene Mengen junger sporenfreier Agarkulturen, in gekochter Milch suspendiert, mittels einer Pipette an die kleinen Tiere verfüttert. Während ausgewachsene Meerschweinchen die Fütterung mit solchen sporenfreien Milzbrandbazillen, welche für sie nach subkutaner Impfung sicher tödlich sind, ohne Schaden vertrugen, starben ganz junge Meerschweinchen, auf die gleiche Art gefüttert, an Milzbrand wie nach subkutaner Injektion. Fünf Experimente führte von Behring des Genaueren an. Es sei erlaubt, das Wichtigste von ihnen wieder-

---

1) Beim Kapitel »Tuberkelbazillen«.

zugeben, denn sie müssen als Vergleichspunkte für meine eigenen Versuche dienen. Die ersten vier sind mit einem Milzbrandbazillus angestellt, der für Meerschweinchen avirulent war.

Nr. 1 und 2 waren neugeborene Tiere, mit je 0,1 g einer eintägigen Axb.[1]-Agarkultur gefüttert. Bei Nr. 1 fanden sich eine Stunde nach der Fütterung außer im Darmkanal keine Axb in den Organen. Bei Nr. 2 waren in der Magenschleimhaut und zwar in der obersten Schicht, spärlich Axb. »Die inneren Organe ließen bei mikroskopischer Untersuchung und bei der üblichen kulturellen Untersuchung von kleinen Impfproben keine Bazillen erkennen. Dagegen gingen aus 1,5 ccm Blut, die wir auf Agar in einer Petri-Schale ausgossen, mehrere Axb-Kolonien an und aus einem anderen Teil des in einem Bouillon-Reagenzglas aufgefangenen Blutes kam es gleichfalls zum Wachstum einer typischen Milzbrandkultur. Die mikroskopische Untersuchung des frisch aufgefangenen Blutes und die Überimpfung einer Platinöse voll Blut auf Agar hatte ein negatives Ergebnis.«

Bei Nr. 3 wurden durch das Plattenkulturverfahren 6 Keime pro 1 ccm Blut nachgewiesen. »Bei diesem Meerschweinchen gelang auch der Axb-Nachweis für ein in der Nähe des Blinddarms gelegenes Lymphknötchen in der Radix mesenterii.«

Nr. 4. »Von einem 8 Stunden alten Meerschweinchen wurde 20 Stunden nach der Fütterung 1 ccm Blut an der Art. femoralis entleert und nach Zusatz von etwas Bouillon auf Petri-Schalen ausgegossen. Es ging darnach nur 1 Axb-Kolonie an. 24 Stunden später wurde etwas Blut aus der Vena jugularis entnommen; in dieser Blutprobe konnten wir wieder mikroskopisch Axb nachweisen. 6 Stunden nach der zweiten Blutentnahme ging das Tier (an Erschöpfung?) zugrunde. Wir konnten nach der Sektion weder im Tubus alimentarius, noch im Blut und in den Organen Axb auffinden.«

v. Behring glaubt darnach, daß avirulente Milzbrandbazillen normalerweise die Wandung des Tubus alimentarius durchdringen und in die Blutbahn gelangen können. Als Prä-

---

1) Die Abkürzung »Axb« = Anthraxbazillus übernehme ich von Behring.

dilektionsstellen für den Bazillendurchtritt sieht er Magen- und Blinddarmwandung an.

Der fünfte Versuch, den er in extenso veröffentlicht, ist mit einem Axb angestellt, der für Kaninchen, aber nicht für Meerschweinchen avirulent war.

Das Tier starb 3 Tage nach der Verfütterung von 0,04 g Agarkultur.

»Bei der alsbald hinterher ausgeführten Untersuchung fanden wir mikroskopisch Axb in der Magenwandung und im Blinddarminhalt.... Sehr reichlich war der Axb-Befund in den mesenterialen und retroperitonealen Lymphdrüsen, sowie in der Leber, weniger reichlich in der Milz.«

»Als besonders bemerkenswerten Befund möchten wir aus den hierhergehörigen Versuchsreihen noch das Durchwachsen von Milzbrandfäden durch die Magenwand hervorheben. Einen solchen Befund haben wir bei einem Meerschwein konstatiert, welches im Alter von 8 Stunden bei einem Gewicht von 85 g wie gewöhnlich von uns stomachal mit Axb infiziert worden war. 7 Stunden nach der Fütterung fiel das Tier durch seine grofse Mattigkeit und Muskelschlaffheit auf. Wir töteten es in diesem Zustande und fanden auf mikroskopischem Wege Axb, aufser im Magen, an keiner Stelle des Tubus alimentarius. Im Magen liefsen sich einige zu langen Fäden ausgewachsene Bazillen durch die ganze Dicke der Wandung verfolgen. Während die mikroskopische Untersuchung des Blinddarms und seines Inhalts ein negatives Ergebnis hatte, fanden wir ferner in einem kleinen mesenterialen Lymphknoten, welcher in der Nähe des Blinddarms gelegen war, mehrere Axb. Die mikroskopische Untersuchung des Blutes und der Organe gab überall ein negatives Resultat; aber nach reichlicher Überimpfung von Blut in Bouillon bekamen wir eine typische Milzbrandkultur.«

Vergleichen wir mit diesen Befunden unsere eigenen Resultate. Ich habe zwei verschiedene Milzbrandstämme zu meinen Experimenten benutzt, die ersten Versuche sind ausgeführt mit einer in der Sammlung des hygienischen Institutes befindlichen Kultur, bezeichnet »Milzbrand Emmerich Mäusepassage«. Den zweiten Stamm verdanke ich der Güte des Herrn Prof. Paltauf in Wien.

Einer jeden Versuchsreihe ging die mikroskopische Untersuchung der zu verfütternden Kultur voraus und die Kontroll-Impfung eines Meerschweinchens mit einer geringsten Kulturmenge parallel.

I. Versuche mit Axb „Emmerich Mäusepassage".

Dieser Stamm tötete zu Beginn der Versuche eine Maus in weniger als 20 Stunden, ein Meerschweinchen in $46/^1_2$ Stunden. Im Laufe der Experimente wurde durch die weiteren Tierpassagen eine Virulenzsteigerung herbeizuführen getrachtet. Das Material zu diesen Passagen boten die Kontrollmeerschweinchen, aus denen stets der für die folgende Reihe verwendete Milzbrandbazillus neu gezüchtet wurde.

1. Reihe. 27. I. 1904.

Kontrolle: Ein 90 g schweres Tier stirbt, mit geringster Menge geimpft, nach $46^1/_2$ Stunden. Obduktion ergibt typischen Milzbrand (im Herzblut wenige, in Milz sehr viele Axb).

Die vier gefütterten Tierchen waren wenige Stunden alt, die 16stündige Axb-Kultur erwies sich als vollkommen sporenfrei.

1. Junges R I, 95 g schwer, erhält mittels Glasöse 0,006 g Axb[1]), bleibt völlig gesund.

2. Junges R II, 90 g schwer, erhält per os 0,015 g Axb, bleibt völlig gesund.

3. Junges S I, 95 g schwer, erhält per os 0,049 g Axb.

4. Junges S II, 90 g schwer, erhält per os 0,072 g Axb. Beide Tiere bleiben völlig gesund. (Die Beobachtung erstreckte sich auf mindestens 1 Woche, meist auf viel längere Zeit.)

Gleichzeitig mit diesen jungen Tieren wurden drei alte Meerschweinchen, zwischen 320 und 360 g Gewicht, mit der gleichen Agarkultur (zu jedem Versuch waren zahlreiche Röhrchen vorbereitet) gefüttert, das eine, nachdem der Magensaft

---

1) Die Bazillenmenge wurde in der Weise bestimmt, daß das Gewicht der Kulturröhrchen oder Kölbchen direkt vor und direkt nach der Fütterung auf der chemischen Wage aufgenommen wurde. Die Differenz der beiden Werte zeigte die Bazillenmenge an. Natürlich wurde von einem Abbrennen des Wattepfropfens abgesehen und das Mitnehmen von Kondenswasser vermieden.

vorher mit 10 ccm einer 5 proz. Sodalösung neutralisiert war. Verfütterte Axb-Menge zwischen 0,05 und 0,07 g. Die alten Tiere blieben ebenfalls völlig gesund.

2. Reihe. 4. II. 1904.

Kontrolltier zwischen 30. und 45. Stunde nach der Impfung gestorben. Obduktion: Typischer Milzbrand. In Herzblut und Leber mäfsige Axb-Mengen, in Milz aufserordentlich reichliche Axb-Exemplare.

Die gefütterten Meerschweinchen waren $1^1/_2$ Tage alt, die 17 stündige Kultur war sporenfrei.

5. Junges Y I, erhält 0,075 g Axb per os.
6. Junges Y II, erhält 0,052 g Axb per os.
Beide Tiere bleiben völlig gesund.

Drei gleichzeitig mit bedeutend höheren Axb-Mengen (0,1 bis 0,23 g) behandelte alte Meerschweinchen, z. T. wieder mit durch Soda neutralisiertem Magensaft, blieben ebenfalls gesund.

In dem einem gefütterten Tier nach 3 Tagen entnommenen Kot gelang es weder mikroskopisch noch durch Kultur oder Tierversuch mehr, Axb nachzuweisen.

3. Reihe. 12. II. 1904.

Seit der zweiten Meerschweinchenpassage bildete der Axb aufserordentlich schnell (in 15—16 Stunden) reichliche freie Sporen. Schliefslich wurde eine 6 Stunden alte Kultur völlig sporenfrei befunden.

Das Kontrolltier starb in weniger als 2 Tagen an typischem Milzbrand.

7. Junges T I, 3 Tage alt, 125 g schwer, erhält stomachal 0,037 g Axb einverleibt.
Das Tier bleibt völlig gesund.

In dem $17^1/_2$ Stunden nach der Fütterung abgedrückten Kot liefsen sich weder mikroskopisch, noch durch Kultur (Bouillon, Agar, Gelatine), noch auch durch den Tierversuch Axb nachweisen.

4. Reihe. 17. II. 1904.

Die benutzte Agarkultur war sporenfrei. Das geimpfte Kontrolltier ging nach 2 mal 24 Stunden an Milzbrand ein. Ein weiteres Kontrolltier, mit einer an der Platinspitze kaum mehr sichtbaren Axb-Menge infiziert, starb nach 3 mal 24 Stunden an Milzbrand. Die Jungen waren bei der Fütterung 2—3 Tage alt und 90 g schwer.

8. Junges z I, erhält mittels Glasöse 0,015 g Axb.

9. Junges α II erhält per os 0,0725 g Axb.
Beide Tiere bleiben völlig gesund.

Sofort nach der Fütterung werden die beiden Tierchen in ein leeres Glasgefäſs gebracht, wo 6 Stunden lang ihr Kot aufgefangen wird. Von diesem werden 5—6 Ballen mit 1 ccm steriler physiologischer Kochsalzlösung verrieben. Die hiervon angefertigten Präparate zeigen zahlreiche Stäbchen, die wie Axb aussehen. Ein Teil dieser Stäbchen erweist sich als sporenhaltig (wobei die Frage offen gelassen werden kann, ob die Sporen erst nach dem Gelangen des Kots an die Auſsenwelt sich gebildet haben). Auf den verschiedensten Kulturmedien gehen reichlich Milzbrandbazillen auf. Es werden mit der Kotverreibung eine Anzahl Agarplatten hintereinander beschickt. Auf der vierten Platte wachsen überhaupt nur Axb.

Einem älteren Meerschweinchen werden 5 Kotballen in eine Hauttasche über dem Genitale gebracht. Das Tier wird am 9. Tag darnach tot aufgefunden. Die Obduktion ergibt Ödem an den Inguinalbeugen, groſse Milz. Im Herzblut wenig, in Leber mäſsig viel, in Milz auſserordentlich viel Axb. Kulturen aus den verschiedenen Organen zeigen Axb in Reinkultur.

Es ist also festgestellt, daſs der Milzbrandbazillus auſserordentlich schnell den Intestinaltraktus wieder verläſst. In dem in den ersten 6 Stunden nach der Fütterung entleerten Kot waren Axb in groſser Anzahl vorhanden. Dagegen waren schon $17\frac{1}{2}$ Stunden nach der Verabreichung reichlicher Mengen auf keine Weise mehr auch nur vereinzelte Exemplare zu finden.[1] Durch das Passieren des Darmes, vor allem des Magens, war der Milzbrandbazillus seiner pathogenen Kraft nicht beraubt worden.[2] Die Verlängerung der Frist bis zum Tode bei dem geimpften Meerschweinchen ist wahrscheinlich nicht zu erklären aus einer Abschwächung der Pathogenität, sondern aus der Schwierigkeit der Bazillen, aus dem umhüllenden Kot in die Blutbahn zu gelangen.

---

1) Aus späteren Versuchen geht hervor, daſs im Magen und Darm sich auch in der zweiten Hälfte des zweiten Tages nach der Fütterung noch einzelne Axb nachweisen lassen.

2) Wenn die an erwachsenen Meerschweinchen erhaltenen Resultate von Falck richtig sind, daſs der Magensaft die freien Axb tötet und nur einen Teil der freien Sporen unversehrt läſst, so würde sich also auch hieraus ein Unterschied zwischen der desinfizierenden Tätigkeit des Magens neugeborener und erwachsener Meerschweinchen ergeben.

5. Reihe. 26. II. 1904.

Dies ist der einzige Fütterungsversuch, wo aus augenblicklichem Mangel kein Meerschweinchen als Kontrolltier verwendet wurde. Die geimpfte Maus starb erst nach 4 Tagen; die benutzte Kultur hatte also aus einem unkontrollierbaren Grund an Virulenz abgenommen. Durch Züchtung aus dem Tierkörper war eine starke Virulenzsteigerung wieder möglich, es wurden aber doch die weiteren Experimente mit einem neuen Axb-Stamm vorgenommen. Der Vollständigkeit halber führe ich den Versuch hier an:

10. Junges γ I, 105 g schwer, wenige Stunden alt, erhält stomachal 0,019 g sporenhaltiger Axb beigebracht. Es bleibt völlig gesund.

II. Versuche mit dem Wiener Axb-Stamm.

Dieser Stamm tötete zu Beginn der Versuche eine Maus in 10—20 Stunden (über Nacht), ein Meerschweinchen in ungefähr einem Tag.

6. Reihe. 24. V. 1904.

Kultur 6 Stunden alt, völlig sporenfrei. Todeszeit des Kontrolltieres nicht genau festzustellen, da es nach etwas über 2 Tagen in stark fauligem Zustand aufgefunden wird. Mikroskopische und kulturelle Untersuchung ergibt in Milz, Leber, Herzblut Axb und Bac. aërogenes. Alter der gefütterten Tiere 24 Stunden.

11. Junges p I, 90 g schwer, erhält **0,333 g Axb per os**, also eine ganz aufserordentliche Menge.

Nun wollte ich es mir nicht daran genügen lassen, einfach zu beobachten, ob die Tiere sterben oder nicht, sondern in diesem und dem folgenden Fall verfolgte ich die Absicht, kurze Zeit nach der Fütterung, im Blut und in den Organen nachzusehen, ob sich dort nicht einzelne Axb durch genaue bakteriologische Untersuchung nachweisen liefsen. Hierbei war vor allem eine Gefahr zu vermeiden, dafs nämlich die herauszunehmenden Organe resp. die anzulegenden Kulturen durch Milzbrandbazillen, die aus dem Kote stammten und mit diesem an den Körperhaaren klebten, verunreinigt würden. Ich wandte deshalb die im folgenden beschriebene Technik an: das auf das Operationsbrett aufgespannte Tier wurde so tief narkotisiert, dafs jegliche

Schmerzempfindung sicher geschwunden war.[1]) Dann wurde es
an Bauch-, Brust- und Halshaut rasiert, hierauf mit Seife, Alkohol, Äther und Sublimatalkohol sorgfältig desinfiziert. Nun wurde
die Brusthaut nach beiden Seiten hin abpräpariert und (mit immer
neuen Instrumenten) die Brusthöhle durch Abtragung der gesamten vorderen Brustwand breit eröffnet. Der Herzbeutel wurde
aufgeschnitten und nun mit einer gutschließenden Pravazspritze
Blut direkt aus dem Herzen angesaugt. Wenn hierdurch keine
genügende Menge erhalten werden konnte, so war auch nach
dem Anschneiden des Herzens in die Brusthöhle ausgeflossenes
Blut leicht aufzusaugen und zur Untersuchung benutzbar.

Nach der Blutentnahme völlige Tötung des Tieres und nun,
unter stetigem Wechseln der Instrumente, Obduktion unter allen
Kautelen.

Im vorliegenden Fall, wo Blutentnahme und Obduktion nach
17 $^3/_4$ Stunden vorgenommen wurden, waren Organveränderungen
nicht nachweisbar.

Ausstrichpräparate vom Mageninhalt ergaben: Charakteristische Axb in geringer Anzahl (viele Gesichtsfelder frei), meist mehrere
Exemplare beisammen. Im Prozessus-Inhalt fanden sich noch ziemlich viele Axb, auch zumeist zu mehreren Exemplaren beisammenliegend.

Quetschpräparate von Mesenterialdrüse, Milz und Leber (mit dem
Pistill angefertigt) zeigten keine Axb.

Bouillonkulturen von den im Mörser zerquetschten Prozessusdrüsen, von Milz, von Leber, sowie die von ihnen nach 3 Tagen gegossenen
Agarplatten ergaben keine Milzbrandbazillen.

$^3/_4$ ccm des aus dem Herzen gewonnenen Blutes wurden
mit gleich viel Bouillon vermischt, später wurde mit dieser ganzen Flüssigkeit eine Agarplatte gegossen: sie blieb steril.

Agarplatten, direkt angelegt von Leber und Milz, zeigten ebenfalls völliges Freisein von Axb.

Platten, angelegt aus Magen- und Cöcalinhalt, ergaben zahlreiche resp.
mäßig viele Axb-Kolonien.

Während also im Magen und Darm sowohl mikroskopisch wie kulturell noch Milzbrandbazillen sich

---

1) Der Versuch war mir sehr unangenehm. Indes fehlte dem Tier
sicher jede Empfindung, und es wurde sofort nach der Blutentnahme zu
Tode narkotisiert. Auf andere Weise war eine zweifelsfreie reichliche Blutentnahme nicht zu bewerkstelligen.

fanden, konnten im Blut, den inneren Organen und Darmdrüsen bei reichlich verarbeitetem Material keine solchen nachgewiesen werden.

Ich versuchte nun, ob vielleicht ein Durchtreten oder Durchwachsen der Bazillen durch die Magenwand — wie von Behring es beschreibt — durch histologische Untersuchung sich zeigen lasse. Ein grofser Teil des Magens wurde in Serienschnitte zerlegt.

Es konnte aber nirgends ein Durchtritt der Axb beobachtet werden.

12. Junges n I, 100 g schwer, erhält per os 0,022 g Axb. Nach 41³/₄ Stunden wird es auf dieselbe Weise getötet wie p I, die Organe werden auf die gleiche Art verarbeitet.

Ausstrichpräparate aus dem Mageninhalt: Keine sichern Axb

Ausstrichpräparate aus dem Prozessusinhalt: Wenige Exemplare von Axb.

Quetschpräparate aus Milz, Leber und Mesenterialdrüse: Keine Axb.

Bouillonkulturen von Prozessusdrüse (die ganze Drüse verarbeitet) Leber (⁴/₅ des ganzen Organs verwendet) und Milz (das halbe Organ verwendet) zeigen bei tagelanger Beobachtung kein Wachstum von Axb, ebensowenig eine Reihe nach 4 Tagen von ihnen ausgesäter Agarplatten.

Agarplatten direkt angelegt aus 1 ccm Herzblut (mit Bouillon verdünnt), Leber und Milz ergeben gleichfalls ein negatives Resultat.

Aus einer grofsen Öse vom Mageninhalt konnten auf Agarplatten noch zwei Axb-Kolonien gezüchtet werden, vom Cökalinhalt eine mäfsige Anzahl von solchen.

Der ganze Magen wurde in 6 Teile zerlegt, und nach der Härtung in Alkohol wurden dieselben zu Schnittserien verarbeitet. Ein Teil diente (wie bei dem vorigen Tier) zur Dissefärbung[1]), der andere Teil wurde auf Bakterien untersucht. Im ganzen waren es gegen 2000 Schnitte. Bei sorgfältigstem Durchsuchen finden sich nur an einigen Stellen mitten unter Resten von Gras oder Heu im Lumen des Magens einige Milzbrandbazillen. Schleimhaut, Submucosa und dem Magen anliegendes kleines Lymphknötchen sind völlig frei von ihnen.

13. Junges n II, 110 g schwer, erhält per os 0,028 g Axb. Es bleibt im weiteren Verlauf völlig gesund.

---

1) Vergl. Anhang II.

7. Reihe.

Von jetzt ab machte sich bei dem Wiener Milzbrandbazillus eine Erscheinung geltend, die bereits beim ersten nach einer Reihe von Tierpassagen unangenehm aufgefallen war, nämlich das ungemein rasche Auftreten freier Sporen. Wollte man zur Verfütterung genügende Mengen Axb erlangen, so konnte man nicht leicht unter 5 Stunden alte Agarkulturen benützen. Es zeigten sich aber schon in dieser Zeit freie Sporen. Das Protokoll über die 7. Reihe sagt wörtlich[1]): »In einer grofsen Anzahl von Fäden finden sich (nach 5 Stunden) bereits die Sporen gebildet, ja es liegt schon eine geringe Anzahl von Sporen einzeln da, zum Teil mit einem geringen, noch färbbaren Mantel umgeben, ein ganz kleiner Teil liegt schon völlig frei da. Trotzdem wird ein Fütterungsversuch unternommen.«

1. VI. 1904.

Kontrolltier starb nach ca. 24 Stunden. Typischer Milzbrandbefund. Bei der Fütterung waren die Tiere s I und r I etwas über 1 Tag, die Tiere Alt I, Alt II, Alt III etwas über 3 Tage alt.

14. Junges s I, 90 g schwer, erhält per os 0,01 g dieser schwach sporenhaltigen Axb.

Es bleibt völlig gesund.

15. Junges ›Alt I‹, Gewicht 80 g, erhält per os 0,008 g Axb der gleichen Kultur.

Am 3. VI., also 37 Stunden nach der Fütterung, stirbt das Tier.

Die Obduktion ergibt grofse, blutreiche, rotbraune Milz. In Milz aufserordentlich zahlreiche, in Leber viele, im Herzblut eine Anzahl Axb. Im Mageninhalt keine, im Prozessusinhalt einige Axb. Der Magendarmkanal ist frei von Veränderungen.

Hier also, bei einem mit sporenhaltigen Axb gefütterten Tier, haben wir einen echten Milzbrandtod.

16. und 17. Junge ›Alt II und III‹, Geschwister des Vorigen, 90 und 100 g schwer, mit je 0,01 g der gleichen Axb gefüttert, bleiben völlig gesund.

---

1) Ich brauche wohl nicht zu versichern, dafs diese Befunde — für die alle ich übrigens Testpräparate aufbewahrt habe — sofort niedergeschrieben wurden, also rein objektive Beobachtungen, unbeeinflufst vom Ausgang des Experimentes, darstellen.

18. Junges r I, 70 g schwer, erhält per os 3 Glasösen einer alten im Eisschrank aufbewahrten, stark versporten Axb-Kultur (eben von der, von welcher die zu den vorstehenden Fütterungen benutzten Kulturen angelegt waren). Während ein damit geimpftes Kontrolltier rasch an Milzbrand starb, blieb dies Tierchen völlig gesund.

8. Reihe. 4. VI. 1904.

Diesmal waren die Axb-Kulturen nur $3\frac{1}{2}$ Stunden bei 37° gewachsen. Sie zeigten im Präparat »schön ausgebildete Axb-Fäden, dazwischen liegend noch Sporen (von den eingesäten), z. T. auskeimende Formen. In den neuen Axb aber noch keinerlei Beginn der Sporenbildung.«[1]

Das Kontrolltier starb nach etwas über 1 Tag (typischer Milzbrandtod).

Die am ersten Lebenstage gefütterten Jungen erhielten jedes die Oberfläche von drei Schrägagarkulturen. Eine Wägung der Mengen wurde nicht vorgenommen.

»Bei der Fütterung sträuben sich beide Tiere stark, so dafs vielleicht kleine Verletzungen mit der Glasöse vorgekommen sein können, besonders beim Herausziehen, wo sie von den Zähnen festgehalten wurde. Keine Blutung.«[1]

19. Junges »Jung II«, Gewicht 60 g, bleibt nach der Fütterung völlig gesund.

20. Junges »Jung III«, Gewicht 80 g, wird am 7. VI. morgens, nachdem es am vorhergehenden Tag noch völlig mobil war, tot und völlig eventeriert aufgefunden. Es ist nicht zu konstatieren, wann der Tod eingetreten ist. In der Muskulatur finden sich spärliche Axb.

9. Reihe. 7. VI. 1904.

Die verwendete Kultur war $3\frac{3}{4}$ Stunden alt, enthielt noch viele eingesäte, aber keine neuen Sporen. »Die mit eingesäten Sporen finden sich an den Stellen, wo das Impfmaterial dick aufgetragen ist, so dafs dort weifsliche Massen vorhanden sind, während Abstriche von den Stellen, auf denen nur die zarten, frisch gewachsenen Bazillen zu sehen sind, auch keine Sporen mehr enthalten.«

Das Kontrolltier starb nach weniger als 24 Stunden (typischer Axb-Befund). Die gefütterten Tierchen waren $1\frac{1}{2}$ Tage alt, wogen 50, 50 und 70 g.

---

1) Vgl. die Fufsnote der 7. Reihe.

21., 22. und 23. Alle drei Tierchen (c II, c III, d I) erhielten je 0,1 g
Axb per os nach 5stündigem Hungern. Sie blieben völlig
gesund.

10. Reihe. 7. VI. 1904.

Gleichzeitig mit dem vorigen Versuch wurde eine Verfütterung einer reich versporten über 8 Tage im Eisschrank
aufbewahrten Axb-Kultur vorgenommen.

Während das Kontrolltier in weniger als 24 Stunden starb, blieben
24., 25. und 26. die Tierchen e I, e II und e III, 40, 50 und 55 g schwer,
1¹/₂ Tage alt, gefüttert mit je 0,033 g Axb, am Leben.

11. Reihe. 9. VI. 1904.

Einen letzten Versuch nahm ich schliefslich mit einer 24 Stunden alten Agarkultur vor, welche von der Kultur stammte, mit
der die 9. Reihe behandelt wurde.

»Es sind schöne Fäden, die zum grofsen Teil ver-
sport sind. Ganz aufserordentlich viel freie Sporen.«
Ein Kontrollversuch ist hierbei nicht vorgenommen.
Die Tierchen waren wenige Stunden alt.

27. Junges t III, 60 g schwer, erhält 0,1 g dieser Kultur per os, bleibt
völlig gesund.

28. Junges t IV, 65 g schwer, erhält 0,033 g der gleichen Kultur, stirbt
nach 3 Tagen. Die Obduktion und mikroskopische Untersuchung
ergibt typischen Milzbrandbefund.

Ziehen wir in Kürze das Fazit aus diesen Milzbrandversuchen,
so sehen wir, dafs auch die Verfütterung sehr grofser Mengen
des Axb ohne jeglichen Nachteil für das neugeborene
Meerschweinchen vorgenommen werden kann. Von den
28 gefütterten jungen Tieren sind 3 an typischem Milzbrand gestorben. Alle drei hatten sporenhaltige Kulturen erhalten. Wie die Protokolle ergeben, waren bei Tier 15 und 28
neugebildete freie Sporen vorhanden, die für Fall 28 verwendete Kultur zeigte sogar aufserordentlich zahlreiche Dauer-
formen, die 11. Reihe war nämlich direkt als Sporenfütte-
rung gedacht. Beim dritten Tier (20) waren bei der Fütterung
infolge des Sträubens vorgekommene Verletzungen wahrscheinlich,
die benutzte Kultur enthielt noch von den eingesäten Sporen.

Selbst dieser sporenhaltige Axb konnte aber nicht bei allen Versuchstieren den Tod herbeiführen, da selbst mit gröfseren Mengen als die gestorbenen Tiere gefütterte Geschwister gesund blieben — es waren vermutlich auch hier minimale Verletzungen die Vorbedingung zum Eindringen der Sporen in den Intestinaltrakt. Solche kleinste Wunden können ja leicht durch scharfe Grashalme oder andere Bestandteile der Nahrung hervorgebracht werden.

Somit bietet der Tod dieser drei Versuchstiere gar nichts Auffallendes. Ist uns ja doch aus einer reichen Literatur bekannt, dafs auch alte Meerschweinchen sterben können, wenn versporte Milzbrandbazillen an sie verfüttert werden. —

Wie die aufserordentlichen Differenzen zwischen den Behring-Muchschen Resultaten und den meinigen zu erklären sind, will ich dahingestellt sein lassen, auf einen Punkt möchte ich aber doch hinweisen.

v. Behring schildert in Heft 8 seiner Beiträge die angewandte Fütterungstechnik: »Bei zurückgebogener Kopfhaltung lassen wir tropfenweise die Flüssigkeit in das weitgeöffnete Maul auf die Zungenwurzel fallen.« Nach diesen Worten scheinen die Autoren beim Öffnen des Maules ihrer Versuchstiere irgend welche Gewalt gebraucht zu haben, da unter normalen Bedingungen von einem »weit geöffneten Maul« nicht die Rede sein kann. Hierbei sind wahrscheinlich kleine Verletzungen der Mundschleimhaut entstanden, durch welche dann die Infektion leicht vor sich gehen konnte. Bei grofsen Tieren, die ein starkes und resistentes Pflasterepithel der Mundhöhle haben, darf man solche Manipulationen viel eher riskieren, ohne Verletzungen befürchten zu müssen. —

Als ich die Ehre hatte, im Februar dieses Jahres Exzellenz von Behring einen grofsen Teil meiner Resultate zu demonstrieren, machte er mir den Einwand, meine Milzbrandbazillen seien wohl für Meerschweinchen pathogen gewesen, ob aber für Kaninchen, das sei zweifelhaft. Die von ihm benutzten Bazillen seien teilweise auch Kaninchen-pathogen und ein Vergleich zwischen unseren Stämmen ginge nicht an, da die Kaninchen-tötenden Axb höhere Virulenz besäfsen wie die nur für Meerschweinchen pathogenen. Ich nahm sofort mit meinem Wiener Milzbrandbazillus, den ich noch zur Hand hatte, das entsprechende Experiment vor.

21. II. 1905. Kaninchen, 3500 g schwer, mit kleiner Öse am Rücken infiziert. Tod nach $4^1/_2$ Tagen. Obduktion ergibt typischen Milzbrandbefund. In Leber und Milz massenhafte Axb, im Herzblut aufserordentlich viele Bazillen. Aus allen Organen werden Axb in Reinkultur gezüchtet.

Somit zeigte sich also auch dieser Stamm als exquisiter Kaninchentöter.

Ich führte den Versuch, dem Wunsche von Exzellenz v. Behring folgend, aus, ich mufs aber sagen, dafs für ein Experiment am Meerschweinchen nach meiner Auffassung auch ein solcher Bazillus genügt hätte, dessen Pathogenität eben für dieses Tier nachgewiesen war. (Hierzu bitte ich den oben zitierten Versuch 5 von Behring-Much nachzulesen.)

Nachschrift: Durch das gütige Entgegenkommen von Exzellenz v. Behring konnte ich in letzter Zeit übrigens auch noch eine Versuchsreihe mit einem seiner Kaninchen-pathogenen Axb-Stämme (I) vornehmen. Ich verfütterte eine Kultur, die noch keine freien Sporen enthielt, aber schon aufserordentlich viele eben noch von schmalem Protoplasmasaum umgebene Sporen (25 Stunden bei 22^0 auf Agar gewachsen). Diese Kultur, in Bouillon gebracht und bei 80^0 über eine halbe Stunde im Wasserbad gehalten, zeigte im Brutofen noch starkes Wachstum; es hatten demnach die mit dem Protoplasmasaum umhüllten Sporen schon eine aufserordentliche Resistenz. Das am 19. VI. 1905 mit kleinster Platinöse geimpfte Kontrolltier ($\varrho\varrho$ I) starb nach 32—36 Stunden an Milzbrand. 6 neugeborene Meerschweinchen (zwischen 70 und 85 g schwer, $1^1/_2$—$3^1/_2$ Tage alt), gleichzeitig mit je 0,1 g Axb, suspendiert in je 1 ccm Kuhmilch [also ganz nach v. Behrings Anordnung] gefüttert, blieben völlig gesund.

Versuche mit Tuberkelbazillen.

Die folgenden Experimente gehören dem Gebiet der Fütterungstuberkulose an.

Ich kann hier aber um so eher absehen von einem historischen Überblick über die Literatur derselben, weil bei Neugeborenen Fütterungen mit dem Tuberkelbazillus oder Produkten der Tuberkulose aufser von v. Behring bisher nicht vorgenommen wurden. Erwähnen will ich nur, dafs die ersten positiven Fütterungsversuche an erwachsenen Tieren schon 1868 publiziert sind (Chauveau ev. auch Klebs), und dafs die Infektion des Meerschweinchens vom Darmkanal aus Parrot zum erstenmal gelungen ist.

Gute Zusammenstellungen über die Fütterungstuberkulose findet man in den Arbeiten von Spina, Johne, Biedert, Wesener und ganz neuerdings bei Nebelthau.

v. Behring selbst hat seine Versuche an neugeborenen Tieren noch nicht ausführlich veröffentlicht, die bisher allein erschienene Übersicht über seine Ergebnisse habe ich in der Einleitung angeführt. Meine eigenen Versuche, im ganzen 40, wurden vorgenommen mit einem seit längerer Zeit im hygienischen Institut fortgezüchteten, vom Menschen stammenden Tuberkelbazillus.

Die Prüfung desselben geschah nach der von Kossel und seinen Mitarbeitern im Reichsgesundheitsamt zur Unterscheidung zwischen Typus bovinus und humanus ausgearbeiteten Methode (Trocknung der Bazillen auf sterilem Fliefspapier. Wägung von 0,01 g Bazillen auf tariertem sterilisiertem Uhrschälchen. Verreiben mit 1,0 phys. Kochsalzlösung in sterilem Mörser. Injektion ohne Verletzung der Fascie) an einem 2480 g schweren Kaninchen. Als der Tod nach 11 Wochen an einer interkurrenten Lungenerkrankung erfolgt war (auch mikroskopisch als nicht tuberkulös identifiziert), zeigte sich an der Injektionsstelle im subkutanen Bindegewebe ein haselnufsgrofser Tumor, der sich beim Aufschneiden als ein mit weifsgelblichem dickem rahmigem Eiter gefüllter Abszeſs erwies. Sonst nirgends eine Spur von Tuberkulose.

Nach intraperitonealer Injektion von ungefähr 0,01 g der Bazillenreinkultur, aufgeschwemmt in Bouillon, starb ein 450 g schweres Meerschweinchen η nach 20 Tagen, ein 420 g schweres Meerschweinchen ϑ nach 27 Tagen. Die verfütterten Kulturen waren stets zwischen 4 und 6 Wochen alt. Das Gewicht der zur Fütterung benutzten Mengen wurde durch die chemische Wage bestimmt. Zu Anfang verrieb ich die abgewogenen Bazillenhäute sorgfältig in Bouillon und nahm darnach die Verfütterung mittels Pipette vor. Als sich aber herausstellte, daſs bei einer Aufnahme der Tuberkelbazillen[1]) durch Vermittelung von Flüssigkeit leicht eine Aspiration vorkommt, ein Umstand, der die Deutung der Experimente wesentlich erschweren kann, so ging ich dazu über, die von der Glyzerinbouillon abgehobenen Tb-Häute mittels meiner Glasöse den Meerschweinchen in das Maul einzuführen. Mit beiden Methoden gelang es schnell, die gewünschte Dosis den jungen Tieren beizubringen.

Von meinen 40 Versuchen sind 26 mit Bazillenaufschwemmung in Bouillon vorgenommen. Das erste Versuchstier (♂ I) starb an Aspiration, 4 Meerschweinchen waren alte Muttertiere. Somit enthält diese 1. Reihe 21 Verfütterungen an neugeborene Meerschweinchen. Die 2. Reihe, in der die Tb den jungen Tieren nur trocken beigebracht wurden, enthält demnach 14 Versuche.

Ich begnügte mich nicht damit, die Tiere nach längerer oder kürzerer Zeit zu obduzieren, sondern untersuchte jede nicht ganz gewöhnliche Erscheinung histologisch und vor allem nahm ich bei den Organen, wo makroskopisch die Diagnose nicht mit Sicherheit zu stellen war, genaue Untersuchungen fast ausnahmslos an Serienschnitten vor.[2]) Frühzeitig nach der Fütterung war

1) Ich werde zur Erleichterung künftig hierfür die Bezeichnung Tb gebrauchen.

2) Für oftmalige Prüfungen meiner makro- und mikroskopischen Befunde will ich nicht versäumen, meinem Mitarbeiter am Institut, Herrn Privatdozenten der Pathologie, Dr. Robert Röſsle aus Kiel, auch an dieser Stelle den herzlichsten Dank auszusprechen.

es zumeist nicht möglich, in den Drüsen die Tb in Schnitten resp. in Quetschpräparaten nachzuweisen. Ich überimpfte deshalb eine grofse Reihe von Drüsen, auch Blut, an weitere Meerschweinchen. Diese Versuche haben so eigenartige und bemerkenswerte Resultate ergeben, dafs ihnen ein eigenes Kapitel (»Die Knötchenlunge«) gewidmet werden mufs.

In dem Folgenden gebe ich eine kurze Darstellung der Fütterungsergebnisse. Die weite Ausdehnung meiner Arbeit gestattet mir nicht, jedes einzelne Obduktionsprotokoll in extenso abzudrucken; ich erwähne deshalb nur die wichtigen Befunde und behalte mir eine ausführlichere Veröffentlichung vor, falls sie aus irgend welchen Gründen noch nötig erscheint.

Zum Verständnis der Protokolle will ich bemerken, dafs unter Halsdrüsen die submentalen und Halsdrüsen gemeint sind, und dafs ich zwischen beiden nur ausdrücklich dann unterschieden habe, wenn sie sich verschieden verhielten. Als Leberhilusdrüse habe ich ein (oder mehrere) Drüschen bezeichnet, die nahe dem Pylorus im Bindegewebe des Leberhilus liegen und sehr häufig tuberkulöse Veränderungen zeigten. Als Prozessusdrüsen ist jene Gruppe von ziemlich grofsen Drüsen angeführt, die einen Teil der zuführenden Lymphgefäfse vom Prozessus vermiformis aus beziehen. Sie stehen aber auch mit anderen Darmpartien in Verbindung. Cöcaldrüse ist die kleine Drüse genannt, die an der Einmündungsstelle des Ileum in das Cöcum liegt. Alle anderen Benennungen sind leicht verständlich. Die sehr häufig vorgenommenen Wägungen der Tiere habe ich hier weggelassen, da durch oftmalige Schwangerschaften (ich war gezwungen, jegliches Tiermaterial zur Züchtung der für die Experimente notwendigen Jungen zu benutzen) und Futterwechsel ziemlich jähe Gewichtsschwankungen entstanden. Im übrigen zeigten sich bedeutendere Gewichtsabnahmen nur bei sehr stark fortgeschrittenen tuberkulösen Prozessen. Die einzelnen Tiere sind in der Reihenfolge angeführt, die ihrer Lebenszeit nach der Fütterung entspricht.

I. Reihe. Verfütterung der Tb in Bouillon.

1. 30. IV. 1904. Junges r II, 50 g schwer, 22 Stunden alt, erhält 0,0028 g Tb.[1]) Getötet nach 87 Tagen.

Obduktion: Überall normaler Befund. Nur die Prozessusdrüsen etwas gelblich verfärbt, vielleicht leicht getrübt. An der linken Tonsille eine ganz kleine gelbliche Einlagerung.

Mikroskopisch: Prozessusdrüse enthält ganz kleine Epitheloidzellentuberkel, erst nach aufserordentlich langem Suchen gelingt der Nachweis weniger zweifelloser Tb in der Mitte eines solchen Tuberkels.

Tonsille: Zwei Serien von nahezu 400 Schnitten ergeben keine pathologischen Veränderungen.

Resultat: Isolierte Tuberkulose der Prozessusdrüsen.

2. 30. IV. 1904. Junges u II, 65 g schwer, 1 Tag 6 Stunden alt, erhält 0,0042 g Tb. Getötet nach 86 Tagen.

Obduktion: Nirgends eine Spur von Tuberkulose. Nur die Prozessusdrüsen erscheinen wenig vergröfsert (unterlinsengrofs), fast ganz durchsichtig An einigen Stellen scheinen aber kleinste weifsliche Herdchen zu liegen.

Mikroskopisch (über 100 Schnitte): Die Prozessusdrüse zeigt eine ganz auffallende Tätigkeit. Neben den vorwiegenden völlig normalen Stellen finden sich an manchen Orten Anhäufungen von grofsen aufgeblasenen, völlig den epitheloiden gleichenden Zellen. Dabei sind deutlich Teilungsvorgänge (grofse Mitosen) in geringer Zahl sichtbar. An manchen Stellen sieht man schlechte Zellteilungen nach offenbar rasch erfolgten Kernteilungen so dafs Bilder entstehen, die an Riesenzellen erinnern, denen aber deren deutliche Protoplasma-Umgrenzung fehlt. Überhaupt sind an manchen Stellen die Kern- und Zellgrenzen undeutlich. Nach sehr langem Suchen gelingt die Entdeckung eines ganz zweifellosen Tuberkelbazillus.

Resultat: Isolierte Tuberkulose der Prozessusdrüsen.

3. 14. V. 1904. Junges ρ III, Gewicht 80 g, 2 Tage alt, erhält 0,021 g Tb (in nur ¹/₃ ccm Bouillon). Getötet nach 75 Tagen.

Obduktion: Zahlreiche graue Miliartuberkel in Leber und Milz. Eine Leberhilusdrüse ist fast erbsengrofs, stark getrübt, aber noch ohne Spur von Verkäsung. Eine der Prozessusdrüsen zeigt vielleicht eine geringe Trübung, ist aber unvergröfsert. Drei Halsdrüsen sind stark vergröfsert (über Erbsengröfse), sehr derb, enthalten im Innern mit gelblichem Käse erfüllte Höhlen. Die Trachealdrüsen sind um ein Geringes vergröfsert, schwach getrübt, zu beiden Seiten in der Claviculargegend je eine vergröfserte Drüse. Besonders ist die rechtsseitige fast erbsengrofs, stark getrübt, mit zahlreichen weifslichen Nekroseherdchen. Sie liegt in der Gegend der Einmündung des Duct. thoracicus in die V. subclavia.

---

1) So kleine Tb-Mengen wurden nicht direkt abgewogen, sondern erst nach der Aufschwemmung einer gröfseren Tb-Quantität in einem abgemessenen Volumen Bouillon durch Wegnahme kleiner Bouillonmengen bestimmt.

In der Lunge grau durchscheinende Tuberkel, im rechten Oberlappen gelatinöse Pneumonie.

Resultat: Jedenfalls gleichzeitige Infektion der Hals- und Leberhilusdrüsen. Einbruch in die Blutbahn durch den Ductus thoracicus.

4. 14. V. 1904. Junges ϱ II, 80 g schwer, 2 Tage alt, erhält 0,021 g Tb (in ¹/₂ ccm Bouillon). Getötet nach 74 Tagen.

Obduktion: Leberhilusdrüse stark vergröfsert (= 2 Linsen), derb, stark getrübt, mit kleinen Nekroseherdchen. Prozessus- und Cöcaldrüsen bis haselnufskerngrofs, stark getrübt, die meisten enthalten mit einem käsigen Brei angefüllte Cavernen Die zu den übrigen Darmabschnitten gehörigen Drüsen ebenfalls tuberkulös verändert. Alles Übrige normal.

Resultat: Isolierte Tuberkulose der Lymphdrüsen des Darmes, wahrscheinlich beginnend in den Prozessusdrüsen.

5. 7. V. 1904. Junges π II, 80 g schwer, 1¹/₂ Tage alt, erhält 0,028 g Tb. Getötet nach 72 Tagen.

Obduktion: Halsdrüsen aufserordentlich stark vergröfsert, einzelne mehr als zweimal erbsengrofs, verkäst, mit linsengrofsen Erweichungsherden. Eine Prozessusdrüse, nicht vergröfsert, möglicherweise leicht getrübt.

Mikroskopisch: Prozessusdrüse zeigt sich frei von Tuberkulose.

Resultat: Isolierte Halsdrüsentuberkulose.

6. 17. III. 1904. Junges δ II, 70 g schwer, 8 Stunden alt, erhält 0,105 g Tb. Spontan gestorben nach 50 Tagen. Vor dem Tod Lähmung der Hinterbeine.

Obduktion: Sehr verbreitete Tuberkulose, am gröfsten die Lungen-hilus- und Trachealdrüsen.

Resultat: Fütterungstuberkulose. Erster Infektionssitz nicht mehr festzustellen.

7. 21. III. 1904. Junges ε I, 110 g schwer, 2 Tage alt, erhält 0,273 g Tb Getötet nach 49 Tagen.

Resultat: Das gleiche wie im vorigen Fall. Am gröfsten die Hals-Irüsen.

Bei diesem Tiere wurden Untersuchungen über die Aus-scheidung der Tb mit dem Kot angestellt (Verarbeitung wie in den entsprechenden Axb-Versuchen). Während am ersten Tag aufserordentlich viel Tb sich fanden (Häufchen wie Einzelexemplare), zeigten sich schon zweimal 24 Stunden nach der Fütterung nur noch ganz wenige Bazillen, die zumeist in kleine Schleimflöckchen eingehüllt waren. Nach dreimal 24 Stunden konnte in zwei sorgfältig durchsuchten Präparaten nur noch ein zweifelhafter Tb entdeckt werden. Demnach scheinen die Bazillen am Ende des dritten Tages bereits fast völlig aus dem Darm eliminiert zu sein. Ein Versuch, die Virulenz der Tb nach der Passage des Intestinums festzustellen, mifslang, da das geimpfte Tier an Sepsis zugrunde ging.

8. 16. IV. 1904. Junges T III, 90 g schwer, 1¹/₂ Tage alt, erhält 0,092 g Tb. Getötet nach 35 Tagen.
Resultat: Vorgeschrittene Tuberkulose, am stärksten Prozessus- und Halsdrüsen. Erster Infektionssitz nicht mehr festzustellen.

9. 11. IV. 1904. Junges V II, 70 g schwer, zwischen 3 und 6 Stunden alt, erhält 0,188 g Tb. Getötet nach 32 Tagen.
Resultat: Weit vorgeschrittene Tuberkulose, am stärksten die Trachealdrüsen befallen. Erster Infektionssitz nicht mehr festzustellen.

10. 11. IV. 1904. Junges V I, 60 g schwer, zwischen 3 und 6 Stunden alt, erhält 0,171 g Tb. Getötet nach 30 Tagen.
Resultat: Hals-, Thorax-, und Abdominaldrüsen tuberkulös, weitaus am vorgeschrittensten die Halsdrüsen. Ein sicheres Urteil, wo der erste Infektionsort war, ist nicht mehr möglich, doch scheint der nach dem Abdomen zu abnehmenden Gröfse der Drüsen zufolge eine primäre Halsdrüseninfektion nicht unwahrscheinlich.

11. 30. IV. 1904. Junges ʋ I, 50 g schwer, 1 Tag alt, erhält 0,0024 g Tb Getötet nach 28 Tagen.
Obduktion: Am Hals eine olivenkerngrofse Drüse mit zwei in Erweichung begriffenen Käseherden (submental); weiterhin eine über linsengrofse Drüse mit einem Käseherd im Innern. Kleiner Herd im rechten Unterlappen. Trachealdrüsen leicht vergröfsert, ganz wenig getrübt.
Die mikroskopische Untersuchung einiger zum Cöcum und Prozessus gehöriger Lymphdrüsen, bei denen makroskopisch die Diagnose zweifelhaft war, ergab Freisein von Tuberkulose.
Resultat: Primäre Halsdrüsentuberkulose.

12. 16. IV. 1904. Junges T II, 105 g schwer, 1¹/₂ Tage alt, erhält 0,158 g Tb. Getötet nach 28 Tagen.
Obduktion: Ziemlich weit vorgeschrittene Tuberkulose. Am stärksten befallen beide submentalen Drüsen (über erbsengrofs, mit Kavernen von der Gröfse eines mittleren Schrotkornes). Die Prozessusdrüsen sind kleinerbsengrofs. Die übrigen Drüsen nehmen an Gröfse ihrer Entfernung von Submental- resp. Prozessusdrüse entsprechend ab. Frische Miliartuberkulose. Einbruch in die Blutbahn vermutlich von der stark veränderten rechten Claviculardrüse aus.
Mikroskopisch zeigt eine Prozessusdrüse sich durchsetzt von zahlreichen Tuberkeln, die reich an Riesenzellen sind, auch Tb enthalten. Eine

Plaque des Prozessus vermiformis, in Serienschnitte zerlegt, bietet keine Veränderungen dar.

Resultat: Wegen des ziemlich vorgeschrittenen Prozesses ist der erste Infektionsort nicht sicher feststellbar, es erscheint aber nicht unwahrscheinlich, dafs gleichzeitige Infektion vom Hals und vom Prozessus aus stattgefunden hat.

13. 28. IV. 1901. Junges λ I, 70 g schwer, 2¹/₂ Tage alt, erhält 0,065 g Tb. Getötet nach 18 Tagen.

Obduktion: Die Lunge zeigt zahlreiche miliare und etwas gröfsere durchscheinende graue Tuberkel. Zahlreiche alte Käseherde in beiden Lungen. Die Trachealdrüsen sind fast erbsengrofs mit alten Verkäsungen. Halsdrüsen wenig vergröfsert, schwach getrübt. Cöcal-, Prozessus-, Leberhilusdrüsen schwach vergröfsert, leicht getrübt. Frische Miliartuberkulose.

Resultat: Hier scheint eine Infektion der Lunge resp. Trachealdrüsen durch Aspiration bei der Fütterung wahrscheinlich. Die Tuberkulose der im Abdomen befindlichen Drüsen könnte vom Thorax aus fortgeleitet sein, könnte aber auch einer Infektion vom Darme aus entstammen.

14. 30. IV. 1904. Junges μ I, 60 g schwer, 1 Tag 6 Stunden alt, erhält 0,0042 g Tb. Getötet nach 17 Tagen.

Obduktion: Peritonitischer Prozefs, ca. 3 Tage alt, fortgeleitet auf die Pleura. Der rechte Mittellappen enthält an seiner Wurzel einen linsengrofsen, verkästen Herd, der gegen die Umgegend nicht völlig scharf abgegrenzt ist, durch dessen Mitte ein Lumen geht, dessen Ränder ebenfalls völlig verkäst sind. An der Trachea und um den rechten Hauptbronchus herum je eine linsengrofse, getrübte, schwach gelbliche Drüse. In der Thoraxapertur eine in gleichem Stadium befindliche, gleichgrofse Drüse. Am Hals eine Anzahl kaum kleinerer Drüsen von gleichem Aussehen.

Prozessusdrüsen gut linsengrofs, schwach gelblich, getrübt. Die übrigen zum Darm gehörigen Lymphdrüsen leicht vergröfsert und getrübt.

Mikroskopisch: Prozessus- wie Trachealdrüse zeigen deutliche Tuberkelbildung mit wenigen gut charakterisierten Tb. Die Tonsille ist völlig normal.

Resultat: Die Tuberkulose der Lunge und der zugehörigen Drüsen ist offenbar durch Aspiration bei der Fütterung entstanden; die Affektion der Prozessusdrüsen ist möglicherweise gleichfalls direkter Infektion zu danken, nicht einer Fortleitung von der Brusthöhle aus (vgl. hierzu 1. und 2.).

15. 17. III. 1904. Junges δ III, 70 g schwer, ca. 8 Stunden alt, erhält 0,159 g Tb. Spontaner Tod nach 15 Tagen.

Obduktion: nicht vorgenommen (da ich verreist war). Vgl. die folgende Obduktion.

Bei diesem Meerschweinchen waren im Kote 20 Stunden nach der Fütterung in geringer Menge einzelne Tb nachzuweisen, aber keine Bazillenhäufchen mehr.

16. 16. IV. 1904. Junges T IV, 95 g schwer, 1$^1/_2$ Tage alt, erhält 0,143 g Tb. Spontaner Tod nach 12 Tagen.

Obduktion: Starke Miliartuberkulose. Alle Drüsen stark geschwellt (Bild der Skrofulose). Verkäsungen zeigen eine Mesenterialdrüse, sowie ein kleines Knötchen am Ductus thoracicus.

Resultat: Der Tod 12 Tage nach der Fütterung (wie im vorigen leider nicht obduzierten Falle 15 Tage darnach) ist ganz auffallend. Er ist so schnell durch die schwere Miliartuberkulose herbeigeführt, die offenbar von dem am Ductus thoracicus sitzenden verkästen Knötchen aus entstanden ist. Aller Wahrscheinlichkeit nach bildet die verkäste Mesenterialdrüse den Sitz der ersten Infektion.

17—21. Die Jungen wurden in so frühem Stadium getötet, dafs eine makroskopische Diagnose nicht möglich war. Ihre Verarbeitung wird an späterer Stelle besprochen.

Überblicken wir kurz noch einmal die eben beschriebenen Versuche, so sehen wir regelmäfsig bei den neugeborenen Meerschweinchen, wenn sie lang genug am Leben gelassen wurden, der einmaligen Verfütterung von Tb eine Erkrankung an Tuberkulose folgen.

Am besten läfst sich die Wirkung der verfütterten Tb studieren, wenn man nur geringe Mengen (0,002—0,005 g) derselben verabreicht. Dann ist es auch durchaus nicht notwendig, die Tiere verhältnismäfsig schnell darnach zu töten, sondern man kann sie Monate lang am Leben lassen. Die mit grofsen Tb-Dosen gefütterten Meerschweinchen (0,1 g und darüber) zeigen sehr bald eine vorgeschrittene Tuberkulose, die ein Urteil über den ersten Sitz der Erkrankung unmöglich macht. Unter besonders förderlichen Umständen verläuft die Tuberkulose ganz rapid, und so haben wir in einem Fall schon den Tod 12 Tage nach der Fütterung eintreten sehen. Meines Wissens ist ein so schneller Verlauf der Fütterungstuberkulose bisher noch nicht beobachtet worden.[1] Der Fall erscheint mir deshalb von ganz besonderer Wichtigkeit, weil er einen Fingerzeig dafür bietet, dafs nicht jede kurz nach der

---

1) Koch stellte fest, dafs der Tb ca. 14 Tage zu seinem Wachstum und seiner Vermehrung braucht, Orth und Semmer gaben eine zweimonatliche Inkubationszeit bei der Fütterungstuberkulose an und Bollinger notierte schon einen letalen Ausgang nach 1$^1/_2$—2 Monaten.

Geburt tödlich endende Tuberkulose des menschlichen
Säuglings als eine prägenital durch plazentare Übertragung entstandene aufzufassen ist. Frühzeitige Affektion
des Ductus thoracicus vermag eben durch das Ausstreuen grofser
Tb-Mengen in die Blutbahn überraschend schnell zum Tode zu
führen.

Bei der Verfütterung geringer Tb-Quantitäten (bis herab zu
0,0028 g) liefs sich die Infektionspforte an den Verdauungswegen
deutlich feststellen. Es darf aber unter Verdauungswegen nicht
allein der Magen und Darm verstanden werden, sondern auch
die Mundhöhle bietet sehr günstige Verhältnisse für das Eindringen der Bazillen (eine Meinung, der nebenbei gesagt, Bollinger schon vor mehr als 30 Jahren Ausdruck gab). So haben
wir zahlreiche Fälle, wo vom Darm, zumeist vom Processus
vermiformis aus, die Erkrankung zustande gekommen ist. Die
starke Beteiligung der Leberhilusdrüse läfst sogar an gelegentliche
Infektion vom Magen aus denken; andere Fälle wieder weisen
auf die Tonsillen als Eintrittspforte hin. Bei einigen Tieren, besonders wenn mittlere Tb-Quantitäten (0,02 g und darüber) gegeben wurden, hat eine gleichzeitige Infektion von der
Mundhöhle wie vom Darm aus stattgefunden.

Eine Verschleierung der Ergebnisse wurde bei mehreren Beobachtungen dadurch herbeigeführt, dafs offenbar bei der Fütterung
Flüssigkeitsmengen in die Lungen hinein aspiriert wurden, und
dort sogleich eine Erkrankung der Lungen selbst oder der zunächst gelegenen Drüsen herbeigeführt haben (vielleicht an den
Stellen, die nach Abrikosoff bei der Inhalationstuberkulose
zuerst zu erkranken pflegen). Dafür, dafs der intestinalen Infektion
zunächst ein Krankheitsbild folge, vergleichbar der menschlichen
Skrofulose, wie v. Behring es schildert, hat sich kein Anhalts-
punkt ergeben, vielmehr schien stets der erste Erkrankungsherd
bei der Obduktion auch der am weitesten vorgeschrittene zu sein. Die isolierten Halsdrüsenerkrankungen, eingetreten
nach Aufnahme ganz geringer Tb-Mengen, sprechen sehr dafür,
dafs überall da, wo eine starke Affektion derselben zu finden ist,
welche die übrigen Drüsenerkrankungen an Mächtigkeit übertrifft,

auch wirklich die Halsdrüsen der erste Sitz der Erkrankung
gewesen sind. Keinesfalls dürfen wir annehmen, daß sie erst
von den Lymphdrüsen der Bauchhöhle aus infiziert worden sind,
wo wir die beiden Gruppen erkrankt, aber die dazwischen liegen-
den Lymphdrüsen vollkommen intakt finden. Ich führe als
Kronzeugen dieser Anschauung Cornet an, nach dessen an
Tausenden von Tieren festgestellten Befunden die Ausbreitung
der Tuberkulose schrittweise verfolgt werden kann, »indem die
Drüsen von der Infektionspforte aus eine Kette an Größe suk-
zessiv abnehmender kugeliger oder bohnenförmiger Gebilde darstellen, deren Durchschnitte die Altersdifferenz des Prozesses
deutlich zu erkennen geben.« Für beinahe alle Ergebnisse unserer
Experimente lassen sich übrigens auch klinische und pathologisch-
anatomische Erfahrungen am Menschen beibringen.[1]

II. Reihe. Verfütterung der Tb in trockenem Zustande.

Hier kommen 14 Versuche in Betracht, da aber bei 11
Tieren der Tod resp. die Tötung und Verarbeitung der Organe
so früh erfolgte, daß makroskopisch noch keine Veränderungen
wahrnehmbar waren, habe ich zunächst nur vier Obduktionen zu
schildern.

22. 17. V. 1904. Junges f II, 100 g schwer, ¹/₂ Tag alt, erhält 0,029 g Tb.
Getötet nach 73 Tagen.

Resultat: Sehr weit vorgeschrittene Tuberkulose, die
ein sicheres Urteil über den Primärsitz der Infektion nicht
mehr ermöglicht.

23. 26. V. 1904. Junges q II, 70 g schwer, 1 Tag alt, erhält 0,005 g Tb.
Getötet nach 68 Tagen.

Obduktion: Zwei Prozessusdrüsen, stark vergrößert, die eine hasel-
nußkerngroß, mit starken Erweichungsherden im Innern. Im Jejunum,
ganz besonders aber im Ileum, stark über das Schleimhautniveau promi-
nierende Plaques, von denen einige in ihrer Mitte kleine, stecknadelkopf-
große Verkäsungen tragen. Leberhilus- und Cöcaldrüse leicht vergrößert
und getrübt. Zwei Halsdrüsen über linsengroß, mit kleinen käsigen Erweichungsherden im Innern. Trachealdrüse ebenfalls ungefähr auf das
Doppelte vergrößert, mit kleinem Erweichungsherd. Kleiner gelatinöser Herd
im rechten Oberlappen.

---

1) Für den letzten Punkt (Doppel-Infektion) hat Ribbert neuerdings
Material am Menschen gesammelt.

Mikroskopisch zeigt sich die Schleimhautoberfläche der tuberkulösen Darmpartien völlig intakt. Der Prozefs ist auf die Submucosa beschränkt und hat hier zur Bildung wohl charakterisierter Epithelialtuberkel geführt, die an einigen Stellen bereits zentral verkäsen. Tb nicht auffindbar.

Resultat: Primäre Tuberkulose der Prozessusdrüsen, vielleicht gleichzeitige Infektion der Halsdrüsen. Für die Genese der Darmtuberkulose haben sich keine sicheren Anhaltspunkte ergeben. Von der Oberfläche der Schleimhaut ist sie nicht ausgegangen, sie hat sich vielmehr im Lymphapparat (der Submucosa) gebildet. Es mufs deshalb an einen retrograden Transport von den zuerst befallenen Lymphdrüsen aus gedacht werden. Die lange Zeit bis zum Beginn der Darmaffektion spricht wohl auch für diese indirekte Entstehung.

24. 24. V. 1904. Junges p III, 80 g schwer, erhält 0,005 g Tb.
Getötet nach 67 Tagen.

Resultat: Fast völlig der gleiche Befund wie im vorigen Fall. Darmtuberkulose etwas weiter vorgeschritten, aber noch ohne Ulcera, ganz wenige Tb in den verkästen Plaques.

25. 26. V. 1904. Junges N I, 80 g schwer, erhält 0,005 g Tb.
Getötet nach 16 Tagen.
Resultat: Isolierte Tuberkulose der Prozessusdrüsen.

Die Befunde an den mit trocken verabreichter Tb-Kultur gefütterten Neugeborenen stimmen völlig überein mit den bereits geschilderten. Aspiration in die Lungen mit ihren Folgen war dabei ausgeschlossen, dagegen zeigte sich bei zwei sehr spät (67 und 68 Tage nach der Fütterung) getöteten Tieren Darmtuberkulose. Da in den untersuchten Plaques, die makroskopisch nicht tuberkulös waren, weder in Quetschpräparaten noch in Schnitten Tb sich fanden, auch sonst keine pathologischen Veränderungen nachgewiesen werden konnten, so gewinnt der oben ausgesprochene Gedanke, nach welchem die Darmtuberkulose retrograd von den affizierten Lymphdrüsen aus entstanden ist, an Wahrscheinlichkeit.

Auf retrograde lymphogene Metastasen von Bakterien, Geschwulstzellen usw. hat übrigens in letzter Zeit Tendeloo in verschiedenen Veröffentlichungen aufmerksam gemacht. Buttersack ist für die retrograd entstehende Bildung von Darmgeschwüren eingetreten und Ribbert hat sich ebenfalls vor kurzem für den retrograden Transport der Tb durch den Lymphstrom erklärt. Ich setze mich mit dieser Meinung in Widerspruch mit den experimentellen Ergebnissen Baumgartens (dessen 40 Fütterungsversuchen ich aber die gleiche Anzahl entgegensetzen kann), erfreue mich dagegen der Übereinstimmung mit Orth, Wesener und Dobroklonsky.

Jedenfalls zeigen die immer wiederkehrenden Infektionen der Prozessus- und anderer zum Darm gehöriger Drüsen, ohne dafs der Darm selbst dabei erkrankt ist, dafs die Tb seine Schleimhaut mit Leichtigkeit passieren können. Tchistovitch hat dies beim Menschen früher auch schon mikroskopisch festgestellt. Die Tonsillen des Meerschweinchens verhalten sich in dieser Beziehung vollständig wie der Darm. Ich habe eine grofse Anzahl von ihnen in Serienschnitten untersucht, ohne auch nur einmal Tb oder irgend welche tuberkulöse Veränderungen auffinden zu können. Hier mufs ich einschalten, dafs die Tonsille des Meerschweinchens sich anatomisch ganz anders verhält wie die des Menschen. Zu meiner Verwunderung habe ich das gesuchte Follikelgewebe an keiner Stelle in ihr finden können, die Schnitte zeigen vielmehr kleine Drüsen, ganz ähnlich den Speicheldrüsen. Als mir immer wieder diese Befunde vorkamen, konnte ich nicht länger zweifeln, dafs sie für das Meerschweinchen typisch sind. In dem Lehrbuch der vergleichenden mikroskopischen Anatomie der Wirbeltiere von Oppel allein fand ich später eine Bestätigung dieser Wahrnehmungen. Nach Oppel scheinen die Beobachtungen von Schmidt aus früherer Zeit mit den meinigen vollkommen übereinzustimmen. Drews allerdings will auch in den Tonsillen des Meerschweinchens Mitosen-haltige Noduli gesehen haben. Trotz ihres differenten Baues ist aber offenbar der Meerschweinchen- und Menschentonsille doch die Durchgängigkeit für den Tb gemeinsam. Über die Tonsille (und den Pharynx) als Eingangspforte für die Tuberkulose beim Menschen liegen ja auch schon zahlreiche Arbeiten vor, von denen ich nur die letzten von Wassermann und Ito hier ausdrücklich erwähnen möchte.

Noch eine weitere Stelle der Mundhöhle hat man gleichfalls als Eintrittsstelle für die Tb beschuldigen wollen. Starck,

Körner und Partsch betonen nämlich die große Rolle der
Zahncaries bei der Ätiologie der Halslymphome. Insbesondere
Starck meint, daß in Anbetracht des Umstandes, daß nicht nur
bei Phthisikern sondern auch bei sonst gesunden Leuten in
kariösen Zähnen Tb gefunden worden sind, die tuberkulösen
Halslymphome vielfach von kariösen Zähnen her entstehen. Das
positive Material, das die drei Autoren beibringen können, ist
aber sehr klein. Das junge Meerschweinchen hat keine
kariösen Zähne und doch erkranken seine Halslymph-
drüsen so leicht an der Tuberkulose. Ich glaube darnach
doch, daß wir uns im allgemeinen lieber an die Durchgängigkeit der Rachenschleimhaut, vor allem der Tonsille halten sollen.
Ganz besonders dürfen wir Kinderärzte aber Westenhöffer
nicht zugeben, daß die Zahnung es ist, welche für die Tuberkuloseinfektion im pathologisch veränderten Zahnfleisch (von dem
man seit Kassowitz's vorzüglichem Buch nicht mehr sprechen
sollte) durch Eröffnung zahlreicher Lymphgefäße im Munde den
Boden schafft. —

Ich lasse nunmehr die Protokolle der mit Bouillonauf-
schwemmungen gefütterten vier erwachsenen Tiere folgen.
Zwischen 380 und 500 g schwer, erhielten sie je 0,151 g Tb, also
eine Dosis, welche für die Neugeborenen bereits als eine sehr
große zu gelten hat.

26. 3. V. 1904. Altes Meerschweinchen ω, getötet nach 7 Monaten.
Obduktion: Prozessusdrüsen stark geschwellt, doppelerbsengroß,
außerordentlich derb. Durchschnitt weißlich getrübt, in der Mitte gelb-
bräunlich. Keine Erweichung. In Leber und Milz ganz wenige graue miliare
Tuberkel. Halsdrüsen erbsengroß, derb, weißlich, mit kleinen gelben
Nekroseherden auf dem Durchschnitt. Tracheal- und Bifurkationsdrüsen auf
dem Durchschnitt ebenso, aber nur linsengroß. In der Lunge nur wenige
graue Miliartuberkel.
Resultat: Eine Doppelinfektion vom Hals und vom Prozessus aus kann in diesem Fall kaum zweifelhaft sein, wenn
man die Größe und das Aussehen der einzelnen Drüsen als maß-
gebend anerkennt.

27. 3. V. 1904. Altes Meerschweinchen ♀), spontan gestorben nach
5 Monaten.
Obduktion: Tod erfolgt an fibrinös-eitriger Peritonitis, Pleuritis, Peri-
carditis.

Fünf Halsdrüsen stark vergröfsert, bis über Olivengröfse, mit allen Stadien der Tuberkulose bis zur Erweichung. Tuberkulose der intrathoracalen Drüsen. Lungenherdchen. Miliartuberkulose der Lunge, Leber, Milz. Abdomen ganz frei.

Resultat: Unzweifelhafte primäre Halsdrüsentuberkulose.

28. 3. V. 1904. Altes Meerschweinchen ψ, getötet nach 92 Tagen.

Obduktion: Prozessusdrüsen gelblich, etwas über erbsengrofs, schwach getrübt. Eine Halsdrüse haselnufskerngrofs mit grofser Käsehöhle im Innern, andere Halsdrüsen schwach vergröfsert. Trachealdrüse von normaler Gröfse, kaum getrübt.

Mikroskopisch: Prozessusdrüse zeigt gut ausgebildete Epitheloidzellentuberkel mit zahlreichen Riesenzellen. Es gelingt nicht, Tb nachzuweisen. Die Tuberkel sind aufserordentlich deutlich gegenüber der normalen Umgebung abgegrenzt.

Resultat: Gleichzeitige Infektion vom Prozessus und Hals aus.

29. 3. V. 1904. Altes Meerschweinchen χ, getötet nach 29 Tagen.

Obduktion: Processusdrüsen doppelt erbsengrofs, stark getrübt. Im Innern weifslich-gelbliche Herdchen. Beginn der Verkäsung. Die übrigen zum Darm gehörigen Lymphdrüsen schwächer erkrankt. Halsdrüsen etwas geschwellt, bis Linsengröfse, deutlich getrübt. Auf dem Durchschnitt kleine weifsliche Herdchen. Trachealdrüsen unter linsengrofs, schwach getrübt.

Resultat: Wahrscheinlich gleichzeitige Infektion vom Prozessus und Hals aus.

Diese an den vier Alten vorgenommenen Fütterungsversuche ergeben eine aufserordentliche Übereinstimmung mit denen der Neugeborenen. Die überaus langsam und gutartig verlaufenden Erkrankungsformen machen es zur Gewifsheit, dafs die verfütterte Dosis derjenigen nahekommt, mit welcher keine Infektion mehr zu erzielen ist und lassen anderseits vollgültige Rückschlüsse auf den Infektionsort zu. Auch hier sitzt wieder in einem Fall der Primärherd in den Halsdrüsen, und in den drei übrigen Fällen ist eine gleichzeitige Infektion von der Mundhöhle und vom Processus vermiformis aus kaum zu bezweifeln. Der Tb geht demnach ebensogut durch die Schleimhäute der alten wie der jungen Meerschweinchen hindurch, es handelt sich lediglich, dem verschiedenen Alter und der verschiedenen Schwere der Tiere entsprechend, um Unterschiede in der Gröfse der zur Infektion erforderlichen Dosen.

Es wird übrigens von Interesse sein, zu erfahren, dafs von der Darmwand des erwachsenen Meerschweinchens vor 30 Jahren

von Wesener eine Ansicht ausgesprochen wurde, die dem von
Behring für die Neugeborenen aufgestellten Satz aufserordentlich
nahekommt. Wesener sagt: »Es ist jedoch nicht aufser acht
zu lassen, dafs wie den andern im Darmkanal enthaltenen zahlreichen Organismen, so auch den Tuberkelbazillen gegenüber die Darmwand vielleicht als Filter wirkt.« Also
hier wie dort die Annahme, dafs der Darm den Bazillen gegenüber ein Filter vorstelle. Eine andere Auffassung liegt aber vielleicht näher.

Man rufe sich nur ins Gedächtnis zurück, wie unregelmäfsig
in der Zeit vor der Entdeckung des Tb durch Robert Koch die
Fütterungsversuche ausfielen.[1]) Als jedoch 1884 Baumgarten
mit Tb (»aus gequetschten Tuberkelmassen«) versetzte Milch ver-
abreichte, gelang es ihm stets, vom Intestinaltrakt ausgehende
Tuberkulose zu erzielen. Es kommt also tatsächlich nur darauf
an, dafs virulente Tb in genügender Menge[2]) verfüttert werden,
um regelmäfsig bei alten wie jungen Meerschweinchen Tuberkulose
zu erzielen. Bei diesem Sachverhalt scheint es vielmehr an-
gemessen, sich zu erinnern, dafs in der Skala der Empfindlich-
keit gegen den Tb diese Tierspezies obenan steht (v. Behring),
und es liegt somit vielleicht der Gedanke nahe, dafs die Darmwand des Meerschweinchens eben in besonderer Weise durch-
lässig ist für den Tb, oder, um das, was mir vorschwebt, klarer
auszudrücken: Je gröfser die natürliche Disposition[3])

---

1) Dabei waren, wie z. B. an Orths Experimenten nachgewiesen wurde,
gerade an den positiven Resultaten oft genug Fehler in der Versuchsanordnung schuld (Verletzungen beim Kauen der verkalkten Perlsucht-
massen).

2) Nach unten hin dürften wir — wie aus den Protokollen zu ersehen —
wie bei den erwachsenen, so auch bei den neugeborenen Meerschweinchen
der Menge nahe gekommen sein, die bei einmaliger Verfütterung eben noch
zur Infektion führt.

3) Allgemein hat Grawitz 1901 ausgesprochen, das Eindringen der Tb
setze »Disposition« voraus, wie beispielsweise die Noma-Erreger besonders
bei schwächlichen Kindern, die Gangränerreger beim Diabetiker. Weiterhin
kann auf die von Perez gefundene wichtige Erscheinung hingewiesen
werden, dafs Bakterien aus den Drüsen weniger empfänglicher Tiere rascher
verschwinden als aus denjenigen der sehr empfänglichen Tiere.

einer Tierart für die Tuberkulose ist, desto weniger
Schutzkraft vermag der Darm eben dieser Spezies
gegen das Eindringen des Tb auszuüben.

Die völlig differenten Ergebnisse unserer Milzbrand- und
Tuberkelbazillen-Versuche (die sicher nicht allein durch Resistenz-
unterschiede der Bakterien den Verdauungssäften gegenüber erklärt sind — Falck, Baumgarten, Fischer) weisen mit allem
Nachdruck auf ein solches Gesetz hin.

Nachdem durch die vorausgehenden Untersuchungen festgestellt war:

1. daſs sich Fütterungstuberkulose auch nach einmaliger
Verabreichung geringer Tb-Mengen regelmäſsig erzielen lasse,
und nachdem

2. die gewöhnlichen Infektionspforten gefunden waren, galt
es, durch frühzeitige Tötung nach der Fütterung, Untersuchungs-
material zu sammeln über das Verhalten des frisch dem Magen-
darmschlauch einverleibten Tb den verschiedenen Geweben gegenüber. Hierüber muſsten uns belehren: anatomische Untersuchungen
des Darmkanals selbst und der Tb-Nachweis im Blut und in den
verschiedenen Lymphdrüsen des Körpers. Wo derselbe weder
durch Quetsch- noch durch Schnittpräparate zu erzielen war, wurde
zur Weiterverimpfung auf den Meerschweinchenkörper gegriffen.
Gerade auf die Lymphdrüsen wandte ich deshalb mein Augenmerk, weil sie ja erfahrungsgemäſs in den Körper eingedrungene
Mikroben zurückhalten, und weil aus den vorausgehenden Untersuchungen hervorging, daſs sie zuerst von der Tuberkulose befallen werden. Es lag sehr im Bereich der Wahrscheinlichkeit,
daſs einzelne Tb auſserordentlich schnell in das Blut und die
Lymphe übergehen könnten. Nicolas und Descos haben
nämlich in 3 ganz kurzen Veröffentlichungen, denen leider keine
genaue Schilderung der Experimente beigegeben ist, festgestellt,
daſs sie schon 3 Stunden nach Verabreichung groſser Tb-Mengen
einzelne Exemplare durch Färbung wie durch den Tierversuch
im Ductus thoracicus nachweisen konnten. Es interes-
sierte mich also besonders die Frage, ob in den Drüsen frühzeitig Tb zu finden seien und wenn ja, ob die eingedrungenen

Bazillen immer eine Drüsentuberkulose verursachen konnten, oder
aber ob es für sie ein gewisses Latenzstadium gibt (wie v. Behring
es annimmt), oder ob sie von den Drüsen abgetötet werden können. Auf die letztere Möglichkeit wiesen vor allem die wech-
selnden Obduktionsbefunde hin, die bald eine Infektion der einen,
bald der anderen Lymphdrüsengruppe des Körpers, bald mehrerer
gleichzeitig ergeben hatten. Das erregte eben den Verdacht, daſs
die Tb wohl in die Drüse leicht eindringen können, daſs es aber
dann von äuſseren Verhältnissen, vielleicht am meisten von der
Anzahl der Bazillen abhängig sei, ob die Drüse ihrer Herr werde
oder umgekehrt.

Ich lasse zunächst eine Übersicht folgen über das Resultat
der anatomischen Untersuchungen an den kurze Zeit nach der
Fütterung getöteten Tieren. Wo von einzelnen Drüsen oder vom
Blut weitergeimpft wurde, ist dies zunächst nur angemerkt. Denn
die Resultate dieser Weiterimpfungen müssen im Zusammenhange
besprochen werden.

I. Reihe. Verfütterung der Tb in Bouillon.

1. 7. V. 1904. Junges π I, 85 g schwer, $1^1/_2$ Tage alt, erhält 0,028 g Tb.
Getötet nach $10^1/_2$ Tagen.

Quetschpräparate von Hals- und Dickdarmdrüsen: keine Tb.

Übrige Drüsen auf 5 weitere Tiere verimpft.

2. 14. V. 1904. Junges ϱ I, 100 g schwer, 2 Tage alt, erhält 0,021 g Tb
(in wenig Bouillon). Getötet nach 5 Tagen.

Quetschpräparate von Prozessus-, Cöcal-, Leberhilus- und Halsdrüsen:
keine Tb.

Weitere Drüsen auf 4 Meerschweinchen überimpft.

3. 7. V. 1904. Junges o I, 1 Tag alt, erhält 0,245 g Tb. Getötet 5 Stunden nach der Fütterung.

4. 7. V. 1904. Junges o II, 1 Tag alt, erhält 0,025 g Tb. Getötet
$5^1/_2$ Stunden nach der Fütterung.

Bei diesen beiden Tieren wollte ich mir vor allem einen
Überblick über das Verhalten der frisch verfütterten Tb
dem Magendarmkanal selbst gegenüber verschaffen.
Makroskopisch bot die Schleimhaut keine Veränderung. Mikroskopisch fanden sich im Magen zahlreiche Tb-Häufchen, doch
war ein engeres Anliegen derselben an der Schleimschicht des

Magenepithels oder ein Eindringen ins Epithel selbst oder gar in die Tiefe nirgends wahrzunehmen. (Bei diesen Präparaten war durch Einbringen der Mägen in kochendes Wasser direkt nach der Obduktion eine Gerinnung der Lymphe erzielt worden, die ein künstliches Hineinschwemmen von Tb während der Bearbeitung der Schnitte verhindern sollte — vgl. die Notiz bei Jungem ζ I).

Eine Serie durch das Cöcum von *o* I, welche die Cöcaldrüse vollständig mit einschlofs, zeigte auch wieder zahlreiche Tb im Hohlraum des Darms. An einigen Stellen lagen solche Häufchen innig der Schleimschicht der Darmepithelien an. Hie und da befanden sich die Bazillen auch im Lumen der Drüsenschläuche. Manchmal hatte es sogar direkt den Anschein, als ob ein einzelner Bazillus in das Epithel der Darmschleimhaut eingedrungen sei. Das Urteil hierüber war nur ein wenig erschwert durch die verhältnismäfsige Dicke der (Celloidin-) Schnitte.

Wo die Bazillen der Schleimhaut anlagen, war oft eine leichte Einbuchtung zu sehen, als weiche die Schleimhaut da, wo die Tb sitzen, etwas zurück, um sie vielleicht hernach völlig zu umschliefsen (ein Verhalten, das etwas an den ›Empfängnishügel‹ des Eies[1]) erinnert).

Die Cöcaldrüse war frei von Tb. Der Processus vermiformis des Tierchens *o* II mit Drüse, auf gleiche Weise untersucht, ergab: Im Hohlraum des Prozessus zahlreiche Tb. An mehreren Stellen sind solche Bazillenhaufen zu sehen, die sich in die oberste Schleimlage der Epithelien gleichsam eingebettet haben. Ein weiteres Durchdringen einzelner Bazillen ist aber nirgends zu konstatieren.

In den Plaques, ebenso in der mitgeschnittenen Prozessusdrüse sind keine Tb nachweisbar. Auch im Dickdarm liefs sich kein völliges Durchwandern der Bazillen konstatieren, in einer dazu-

---

1) Beim Empfängnishügel zeigt sich freilich zunächst ein umgekehrtes Verhalten, das Ei kommt mit diesem vorgestreckten Protoplasmateil dem Spermatozoon entgegen. Das, was ich an beiden Vorgängen in Vergleich ziehen will, ist die Wechselwirkung zwischen den zwei beteiligten lebendigen Organismen. In beiden Fällen folgt dem Entgegenkommen, wie dem Zurückweichen ein schliefsliches vollkommenes Umfassen.

gehörigen Drüse fand ich ebenfalls keine Tb Auch in der Tonsille ließen sich nirgends Tb erkennen. Von o II wurden 2 Meerschweinchen mit Blut und Mesenterialdrüse geimpft.

    5. 29. III. 1904, Junges ζ I, 50 g schwer, 1 Tag alt, erhält 0,075 g Tb. Getötet nach 3$^{1}/_{2}$ Stunden.

    Im Magen des Tieres (Schnitte von den verschiedensten Gegenden) glaubte ich zuerst das Durchtreten zahlreicher Tb durch die Schleimhaut bemerken zu können; es erwies sich aber bald, daß ich durch künstlich in die Schnitte hineingeschwemmte, aus dem Magenhohlraum stammende Bazillen getäuscht worden war. [1])

    An mehreren (sehr wenigen) Orten jedoch sah ich auch in diesem Präparate Tb, die allem Anschein nach wirklich ins Schleimhautepithel eingedrungen waren. So lag an einer Stelle ein Bazillus direkt neben dem Kern im Protoplasma einer Epithelzelle, beim Verschieben der Mikrometerschraube genau in gleicher Höhe mit dem optischen Querschnitt des Kernes. Auch im Dickdarm konnten mehrmals einzelne ins Interstitium zwischen 2 Epithelzellen eingedrungene Tb wahrgenommen werden.

    Schnitte durch die Cöcal- und Prozessusdrüsen ergaben aber noch ein völliges Freisein derselben von Tb (stets Serienschnitte).

II. Reihe. Trockene Verfütterung der Tb.

    6. 24. V. 1904. Junges q I, 60 g schwer, 1 Tag alt, erhält 0,005 g Tb. Getötet nach 9 Tagen.

    Drüsenveränderungen noch nicht charakteristisch.

    Blut und Drüsen an 5 Meerschweinchen weiter verimpft.

    7. 24. V. 1904. Junges p II, 80 g schwer, 30 Stunden alt, erhält 0,005 g Tb. Getötet nach 6$^{1}/_{2}$ Tagen.

---

    1) Ich konnte nämlich deutlich beobachten, wie durch den Druck des Immersions Objektivs auf das Deckglas — bei noch nicht erstarrtem Kanadabalsam — Bazillenhäufchen und Einzelexemplare des Tb langsam aus dem Lumen in den Schnitt selbst hineinschwammen. Um solche Zufälle zu vermeiden, habe ich später die Mägen und Därme gleich nach der Sektion für kurze Zeit in kochendes Wasser geworfen (Erstarren der Lymphe), teils in Celloidin eingebettet und die Untersuchung der Präparate erst nach dem Trockenwerden des Kanadabalsams vorgenommen.

Ausstrichpräparate aus Magen- und Darminhalt: keine Tb.
Quetschpräparate von Dünndarmdrüse: keine Tb.
Blut und Drüsen an 4 Meerschweinchen weiter verimpft.

8. 17. IX. 1904. Junges f IV, 80 g schwer, 1³/₄ Tag alt, erhält sehr grofse Mengen Tb (mindestens 0,3 g).
Getötet nach 5 Tagen.

In Quetschpräparaten einer Leberhilus-(Pylorus-) Drüse gelingt der Nachweis eines sicheren Tb. In Präparaten aus drei kleinen Netzdrüsen wird ebenfalls ein sicherer Tb nachgewiesen.

Hier ist der Ort, einzuschalten, dafs (wie ich mich durch zahlreiche Untersuchungen an normalen Tieren überzeugt habe) sowohl diese Drüschen am Netz wie auch die kleine Drüse am Cöcum bei allen jungen Meerschweinchen vorhanden ist. Es handelt sich nicht — wie man nach den Behringschen Mitteilungen wohl annehmen mufs[1]) — um durch die Tätigkeit des Tb hervorgerufene Neubildungen. Ich habe auch von solchen Knötchen verschiedentlich Serien angelegt und hierbei gesehen, dafs sie völlig wie Lymphdrüsen gebaut sind.

9. u. 10. 20. V. 1904. Junges b I und II, je 70 g schwer, ³/₄ Tag alt erhalten 0,005 und 0,009 g Tb. Sie starben spontan an Sepsis[2]) nach 3¹/₂ resp. 5¹/₂ Tagen.

---

1) »Wenige Tage später … submiliare Verdickungen im kleinen und grofsen Netz, mit Tb, sowie kleine Knötchen an einer dem Blinddarm nahe gelegenen Stelle der Mesenterialwurzel.«

2) Die Mutter dieser beiden Tierchen starb am 24. V. 1904 an Sepsis (Peritonitis mit jauchigem Exsudat. Starke Trübung des Leberparenchyms. Riesige Infektionsmilz. Nephritis. Adhäsivpleuritis. Pneumonie). Da sich bei den Obduktionen der Jungen (von denen das eine gleichzeitig mit der Mutter starb, das andere 2 Tage später) ganz gleichartige Veränderungen fanden, so untersuchte ich die drei Fälle darauf, ob etwa eine Infektion der Neugeborenen durch die Säugung nachzuweisen war.

Es gelang mir aus verschiedenen Organen der drei Tiere anaërobe Stäbchen rein zu züchten, die ich nicht näher bestimmen konnte, deren Aussehen auf den Kulturen jedoch nicht völlig identisch war. Aufserdem wuchsen aus den Organen der Jungen und Alten zur Coli-Gruppe gehörige Stäbchen. Die Untersuchung der Milchdrüsen der Alten nach verschiedenen Färbungsmethoden (auch Gram) ergab völliges Freisein der Drüse von M kroben. Auch in den noch sehr viele Milchkügelchen enthaltenden Milch-

Quetschpräparate aus verschiedenen Organen, untersucht auf Tb: negativ.

11., 12., 13. 20. V. 1904. Junge 1 I, 1 II, 1 III, 65, 65 und 60 g schwer, 10 Stunden alt, erhalten 0,014—0,027 und 0,025 g Tb. Sie gingen spontan ein und zwar 1 II kurz nach der Fütterung an septischer Pneumonie, die beiden anderen 4 Tage später, wahrscheinlich an Lebensschwäche. Denn die Obduktionen ergaben nichts Pathologisches.

Die von den Drüsen angelegten Quetschpräparate enthielten bei allen drei Tieren keine Tb. Im Mageninhalt von 1 II waren noch zahlreiche Tb, dagegen noch keine solchen in dem streptokokkenhaltigen Cöcum. Das Tier muſs demnach sehr schnell nach der Fütterung (abends vorgenommen) gestorben sein.

14. 17. IX. 1904. Junges f III, 80 g schwer, 1³/₄ Tage alt, erhält grofse Mengen Tb (mindestens 0,3 g). Getötet nach 3 Tagen.

Quetschpräparate:

a) kleines Netzknötchen enthielt wenige sichere Tb.

b) Leberhilusdrüse: zwei sichere Tb.

c) Drüschen im vom Leberhilus zum Zwerchfell hinaufführenden Bindegewebe gelegen: keine Tb.

d) Halsdrüse: keine Tb.

e) Trachealdrüse: keine Tb.

f) Tonsille: vielerlei Mikroben, aber keine Tb.

g) Drüschen aus dem kleinen Netz: keine Tb.

15. 17. V. 1904. Junges f I, 100 g schwer. ¹/₂ Tag alt, erhält 0,029 g Tb. Getötet nach 3 Tagen.

Im Magen keine Tb mehr, in Processus vermiformis noch vereinzelte Exemplare.

Quetschpräparate von Omentumdrüse: keine Tb.

Blut und Drüsen aus Meerschweinchen weiter verimpft.

Die Ergebnisse dieser anatomischen Untersuchungen sind: Bei Verfütterung sehr grofser Mengen von Tb finden sich einzelne Exemplare schon nach wenigen Tagen in Drüschen des Netzes und des Leberhilus. Bei Aufnahme kleinerer Tb-Mengen in den Darm mifslingt aber in dieser Zeit der anatomische Nachweis der Tb in den Drüsen. Der Durchgang der Tb durch den Magendarmkanal geht wahrscheinlich sehr rasch

gängen waren nirgends Bakterien zu sehen. Eine Ansteckung der Jungen durch die Säugung konnte also nicht nachgewiesen werden; eher liefse sich hier an eine perkutane Infektion von der Nabelwunde aus denken, wie sie von Gefsner und neuerdings (in einem Münchener Vortrag) auch von Behring vertreten wird.

nach der Fütterung vor sich. An einzelnen Stadien des Durchgangs konnten, zumeist am Cöcum und Processus vermiformis, festgestellt werden:

1. Einbettung der Tb in die obere Schleimschicht des Epithels, vorhergehendes (?) Zurückweichen der Schleimhaut vor dem Tb.

2. Aufnahme in Epithelzellen selbst oder in das Interstitium nebeneinander liegender Zellen.

Weitere Stadien der Durchwanderung kamen nicht mehr zur Beobachtung.

Eine Reizung der Darmschleimhaut durch die Tb selbst habe ich nie gesehen. Die Art und Weise, wie Nebelthau das Verhalten der Tb im Darm gröfserer Versuchstiere studierte, entspricht gar nicht den natürlichen Verhältnissen. Durch die zur Isolierung der Dünndarmschlingen notwendige Abklemmung mittels Kautschukschläuchen wurden ganz abnorme Zirkulationsbedingungen gesetzt, und es bezeugen auch manche Notizen von Nebelthau selbst, dafs nach Ablauf gewisser Zeit arge pathologische Veränderungen, von der entzündlichen Hyperämie bis zur nekrotischen Geschwürsbildung und diphtheritischen Belägen, eingetreten sind (a. a. O. S. 584/85).

Die „Knötchenlunge".

Was ich bis jetzt berichten konnte, sind gesicherte Resultate, der letzte Teil dieses Kapitels beschäftigt sich dagegen mit Befunden, die eine ganz zweifelsfreie Erklärung noch nicht zulassen, die aber wegen ihrer Merkwürdigkeit einer ausführlichen Erörterung wert sind.

Es sind Befunde, welche ich an denjenigen Meerschweinchen machte, die mit Blut und Drüsen vor kurzer Zeit mit Tb gefütterter Neugeborner geimpft wurden.

Das Blut wurde mit all den bei den Milzbrandversuchen Nr. 11 und 12 geschilderten Kautelen dem Herzen des narkotisierten Tieres entnommen, darnach wurde das Tier getötet. Hierauf schritt ich zur Ablösung der einzelnen Drüsen. Diese wurden dann gesunden Meerschweinchen unter die Bauchhaut eingenäht, das Blut wurde aus der Spritze, mit der es dem Herzen entnommen war, subkutan unter die Bauchhaut injiziert.

Die ersten Obduktionen der so behandelten Tiere, die ich vornahm, ergaben glatte Resorption an der Impfstelle und keine Organveränderungen. Bald aber zeigten sich — wenn eine längere Zeit nach der Impfung verstrichen war — eigenartige Knötchen in den Lungen, die um so gröfser, resp. zahlreicher wurden, je mehr Zeit zwischen Impfung und Tötung gelegen war. Eine nochmalige Durchmusterung der früher obduzierten Tiere, bei denen das ungeübte Auge damals noch alles normal befunden hätte, zeigte dann bei dem noch vorhandenen Material (z. B. bei Meerschweinchen 𝔐 und 𝔑) ebenfalls eine solche Knötchenbildung im früheren Stadium. Ehe ich eine genaue Beschreibung hiervon gebe, lasse ich eine Übersicht über die so behandelten Tiere folgen. Ihre Aufzählung richtet sich nach dem zwischen Impfung und Tötung vergangenen Zeitraum (Rubrik 4 der Tabelle).

(Folgt Tabelle auf S. 45—49.)

Wie aus den Obduktions-Protokollen hervorgeht, zeigten sich in den anfänglichen Stadien ganz kleine an der Grenze der Sichtbarkeit stehende runde Knötchen, die graudurchsichtig waren. Mit dem weiteren Fortschreiten des Prozesses nahmen sie an Umfang zu, häufig wurden sie hirsekorngrofs, wuchsen gelegentlich auch noch darüber hinaus. Bei solcher Entwicklung zeigten sie ein graues Aussehen, überragten auf dem Durchschnitt die Schnittfläche etwas und hatten einige Ähnlichkeit mit den grauen Tuberkeln (vgl. Fig. 1), doch zeichneten sie sich durch eine gröfsere Transparenz vor diesen aus.

Dafs diese Knötchen[1]) tuberkulöser Natur sein könnten, war von vorn herein anzuzweifeln, denn es fehlte regelmäfsig eine lokale Erkrankung der Impfstelle, die im Experiment nie vermifst wird.

---

1) Der Kürze halber spreche ich weiterhin nur von ›Knötchen‹ und ›Knötchenlunge‹.

Bezeichnung des Versuchstieres	Geimpft mit	Zeit, die zwisch. Fütterung und Tötung d. Tieres verstrichen war, dem Drüse resp. Blut entnommen wurde	Zeit, die zwisch. Impfung des Versuchstieres und seiner Tötung verfloß	Obduktionsbefund des Versuchstieres			Bemerkungen
				1 Alle Organe aufser Lunge	2 Lunge	3 Mikroskopischer Befund	
1	Herzblut o II	5½ Stunden	1¼ Monate	Tod spontan an Sepsis	Normal	—	Lungen wurden nicht konserviert
ℛ	Trachealdr. π I	10½ Tage	2 Monate	Normal	Normal	—	
ℭ	3 Halsdr. π I	10½ Tage	2 Monate	Normal	Normal	—	
𝔐	3 Prozessusdrüsen π I	10½ Tage	2 Monate	Normal	Normal	Charakt. Knötchen in den Lungen m. viel Kariokynesen und zahlreichen grolsen aufgeblasenen Kernen	
ℜ	Leberhilusdrüse π I	10½ Tage	2 Monate	Normal	Normal		
2	Mesenterialdrüse o II	5½ Stunden	2¼ Monate	Normal	Normal	(Lunge nicht konserviert)	
ℚ	Trachealdr. ϱ I	5 Tage	2⅓ Monate	An der Impfstelle derb sich anfühlend. Reste des Eingenähten. Drüsen etwas vergröfsert, ebenso Milz	Normal	An der Impfstelle nur Knorpelreste (wohl von der Trachea). Keine Tuberkulose in den Organen (Milz, Drüsen). Lunge nicht konserviert	
H III	4 Halsdrüsen q I	9 Tage	2½ Monate	Tod spontan während ich verreist war. Am konservierten Präparate Todesursache nicht mehr zu konstatier.	—	—	

Bezeichnung des Versuchstieres	Geimpft mit	Zeit, die zwisch. Fütterung und Tötung d. Tiere verstrichen war, dem Drüse resp. Blut entnommen wurde	Zeit, die zwisch. Impfung des Versuchstieres und seiner Tötung verfloß	Obduktionsbefund des Versuchstieres			Bemerkungen
				1 Alle Organe außer Lunge	2 Lunge	3 Mikroskopischer Befund	
2	Halsdrüsen ρ I	5 Tage	2¾ Monate	Alle Körperdrüsen geschwellt und getrübt. Milz etwas vergrößert	Allerkleinste, graudurchscheinende Herdchen	Keine Tuberkulose der Drüsen. Dagegen sieht man schon makroskopisch an den Färbeschnitten scharf voneinander abgegrenzte helle und dunkle Partien in den Drüsen. Die umfänglichen hellen Partien sind erzeugt durch ein starkes Ödem, welches d. Stroma u. die Zellen stark auseinandergedrängt hat. Viel pigmentkörnchenhaltige Zellen. Bakterienfärbungen (auch Gram) negativ. Knötchen in der Lunge von typischem Bau	
3	Herzblut ρ II	6½ Tage	3½ Monate	Normal, nur Milz leicht vergrößert	Im 1. Unterlappen ein graudurchscheinendes hirsekorngroßes Knötchen. Beim Durchschneiden dieses Lappens noch ein kleinerer submiliarer, über die Schnittfläche vorspringend. grauer Herd	Das Lungenknötchen besteht aus lymphoiden Elementen, zeigt reichlich Kernteilungsfiguren und große aufgeblasene Zellen. Keine Tb. Milz mit großen Follikeln, ohne sonstige Veränderung	
4	3 Prozessusdrüsen p II	6½ Tage	3½ Monate	Leber enth. einige parasitäre Herdchen. Milz etwas vergrößert, mit deutl sichtbaren Follikeln	In verschied. Teilen ganz kleine, graue, submiliare, über die Schnittfläche prominierende Herdchen	Lunge: Vollkommen charakteristische Knötchen, aus Lymphelementen bestehend, m. großen aufgeblasenen Kernen und Zellteilungen. Keine Tb. Leber: Keine Tuberkulose. Milz: Lediglich Follikelschwellg.	

5	Leberhilus-drüse p II	6½ Tage	3½ Monate	Leber zeigt an ihrer Oberfl. kleine gelbl. Einlagerungen. Milz viell. etwas vergrößert, mit großen Follikeln	An einigen Stellen der Oberfl. d. linken Unterlappens kleine rundliche, graudurchscheinende Knötchen, auf dem Durchschn. etwas prominierend	Lunge Leber Milz } Wie beim vorhergehenden Tier
6	2 Halsdrüsen p II	6½ Tage	4⅚ Monate	Leber zeigt eine Anzahl miliarer graugelber Knötchen. Milz mit deutl. Follikeln	Eine große Anzahl submiliarer durchscheinender Knötchen. Einige Knötch. größer, eines an d. Oberfläche hirsekorngroß, deutl. über die Schnittfläche vorspringend	Leber ohne Tuberkulose Lunge: Typischer Knötchenbefund
H II	Herzblut q I	9 Tage	4⅚ Monate	Leber mit parasitärer Einlagerung	An verschied. Stellen etwas graue durchscheinende Knötchen, an d. Oberfl. wie auf d. Schnittfläche	Lunge: Typischer Knötchenbefund
Ω	Omentum- u. Leberhilus-drüsen ϱ I	5 Tage	5¼ Monate	Leber enth. einige linsengroße bis linsengroße gelbliche Knötchen, die keinen tub. Eindruck machen. An ihrer Unterfl. eine mäßige Anzahl kleiner miliarer graugelber Knötchen	Eine größere Anzahl graudurchscheinender Knötchen, über die Schnittfläche etwas hervorspringend. Die größten derselben erst halb hirsekorngroß	Die kleinen Leberherdchen bestehen aus sehr protoplasmareichen Zellen mit großen, zumeist länglichen Kernen, in denen man oft die Kernkörperchen deutlich erkennen kann. An einigen Stellen Kernteilungsbilder. Die Herdchen sind nicht rund, sondern senden nach den Seiten hin ins normale Gewebe Sprossen aus. Die Kerne färben sich im ganzen etwas stärker als die des normalen Gewebes, die Zellen selbst sind trotz ihres Protoplasmareichtums bedeutend kleiner als die Leberzellen. Nirgends Nekrose od. Verkäsung, keine Riesenzellen, keine bindegewebige Umgebg., keine Leukozyten-Infiltration. Keine Tb

Bezeichnung des Versuchstieres	Geimpft mit	Zeit, die zwisch. Fütterung und Tötung d. Tiere verstrichen war, dem Drüse resp. Blut entnommen wurde	Zeit, die zwisch. Impfung des Versuchstieres und seiner Tötung verfloß	Obduktionsbefund des Versuchstieres			Bemerkungen
				1. Alle Organe außer Lunge	2. Lunge	3. Mikroskopischer Befund	
II	3 Prozessusdrüsen f I	3 Tage	5½ Monate	Leber enth. einige parasitäre Herdchen	Lunge enthält, am stärksten im linken Unterlappen, eine größere Anzahl der kleinen grauen Knötchen, v. denen einige bis Miliumgröße erreichen	—	Die verdächt. Knötch. werden ausgeschnitt, u. d. Meerschweinch. 69 intraperit. eingeimpft.
ℜ	Prozessusdr. ϱ I	5 Tage	6 Monate	Im Netz zwei etwas große Drüschen	Zahlreiche allerkleinste Knötchen; viele der größeren graudurchscheinenden Knötchen bis halbhirsekorngroß	Netzdrüschen normal. Lunge: Typischer Knötchenbefund	
⑤	Herzblut f I	3 Tage	6½ Monate	Sämtliche Körperdrüsen vergrößert und stark getrübt. Milz etwas groß, mit deutl. Follikeln	R. Lunge enth. eine geringe Anzahl grauer miliaren Knötchen, sehr zahlreiche allerkleinste graudurchscheinende Knötchen	Der Drüsenprozeß ist sicher kein tuberkulöser. Er ähnelt am ersten einer Lymphosarkombildung. Lunge: Typischer Knötchenbefund	
ℑ	Leberhilus- u. Omentumdrüsen f I	3 Tage	8½ Monate	Frische Pfortaderthrombose (traumatisch entstanden?) mit Infarctbildung in d. Leber	In allen Teilen eine Anzahl der grauen miliaren Knötchen. Einige derselben von einem roten (hämorrhag.?) Hof umgeben	Zellen des Leberinfarktes nicht mehr färbbar. Der Infarkt enth. keine Bakterien	Tuberkulinprobe!

					Lunge (Befund)	Tuberkulinprobe
γ I	2 Prozessus-drüsen q I	9 Tage	8½ Monate	Leber enth. einen erbsengroßen parasitären Herd. Einige Plaques schiefrig induriert. Zarte Verwachsungen der R. Pleura	Ganze Lunge, besonders der r. Unterlappen besetzt mit zahlreichen miliaren grauen Knötchen, von denen eine größere Anzahl einen roten (hämorrhag.?) Hof hat. Außerordentlich zahlreiche allerkleinste Herdchen	Lunge: Typischer Knötchenbefund — *Tuberkulinprobe! (Diese Lunge ist abgebildet.)*
σ I	2 Leberhilus-drüsen q I	9 Tage	9 Monate	Infiltrat an der letzten Tuberkulin-Injektionsstelle. Sonst normal.	Zahlreiche allerkleinste Herdchen. Im r. Mittellappen ein grauer, über die Oberfläche vorspringender, fast erbsengroßer Herd. Konsistenz zieml. derb	Der große Herd wurde eingebettet, ging aber leider verloren, so daß ich über ihn keine Angaben machen kann. Sonst enthält die Lunge nur recht kleine Lymphknötchen, die keine größere Tätigkeit zeigen — *Tuberkulinprobe!*
σ II	2 Cöcaldr. q I	9 Tage	9 Monate	Nekrose der Bauchhaut an letzter Tuberkulin-Injektionsstelle. Sonst normal.	An verschied. Stellen, am stärksten im recht. Unterlappen, große miliare, graue Herdchen. Eine sehr große Anzahl kleinster, graudurchscheinender Herdchen	Lunge: Typischer Knötchenbefund — *Tuberkulinprobe!*
ℵ	2 Halsdrüsen f I	3 Tage	9½ Monate	Nekrose an der letzten Tuberkulin-Injektionsstelle. In der Leber ein unverdächtiger parasitärer Herd	Besonders in den Unterlappen kleine submiliare graue Knötchen in sehr großer Anzahl	Lunge: Typischer Knötchenbefund — *Tuberkulinprobe! Weiterverimpft d. größt. Knötch. auf d. Kornea d. Meerschw. (107) u. Kan. (o)*

Dennoch genügte natürlich dieser Umstand nicht zur Ablehnung einer durch die Impfung entstandenen tuberkulösen Erkrankung. Ich nahm deshalb zunächst histologische Untersuchungen der eigenartigen Gebilde vor. Für dieselben schnitt ich diejenigen Lungenstückchen, welche die gröfsten Knötchen enthielten, aus und verarbeitete sie zu Schnittserien. Auf Tb färbte ich nach Ziehl-Neelsen, 24 Stunden lang im kalten Karbolfuchsin, doch˘ wandte ich — um völlig sicher zu gehen — allerlei Modifikationen an. Ich kann als Resultat der aufserordentlich zahlreichen Untersuchungen (fast von jedem Tier verarbeitete ich ein oder mehrere Lungenstückchen in Serien) summarisch berichten, dafs sich niemals Tuberkelbazillen in den Knötchen gefunden haben. Der histologische Aufbau, von dem ich später spreche, führte ebenfalls zur Verwerfung einer tuberkulösen Erkrankung.

Ich machte noch weiterhin den Versuch der Übertragung knötchenhaltiger Teile auf neue Tiere. So impfte ich ein Meerschweinchen (69) mit vielen Knötchen der Lunge des Meerschweinchens U intraperitoneal. Nach 9 Monaten zeigte das neugeimpfte Tier nirgends eine Spur von Tuberkulose, wohl aber zu meiner gröfsten Überraschung zahlreiche kleine Knötchen von genau der gleichen Art wie die früher verimpften in seiner Lunge.

Lungenknötchen des Meerschweinchens B brachte ich in die vordere Augenkammer eines neuen Meerschweinchens (107) und eines Kaninchens hinein. Eine örtliche Tuberkulose ist auch darnach nicht eingetreten. Die Tötung und Obduktion der Tiere will ich erst in mehreren Monaten vornehmen, um mich dann überzeugen zu können, ob auch bei ihnen Knötchen in den Lungen entstanden sind. Aufserdem machte ich bei den am längsten am Leben gelassenen Tieren, die im ganzen bei der Obduktion die zahlreichsten und gröfsten Knötchen zeigten, Tuberkulin-Injektionen.

Sowohl bei Meerschweinchen T wie bei B trat nach Einspritzung von 0,3 ccm Neu-Tuberkulin nicht die geringste Reaktion ein, mit Ausnahme einer mäfsigen Gewichtsabnahme, die sich in gleichem Mafse bei den Kontrolltieren zeigte. (30. I. 05.)

Ganz ebenso wenig reagierten die Tiere σ I, σ II und γ I auf die Injektion von 0,5 ccm Alt-Tuberkulin (am 14. II. 05) und späterhin (am 28. II. 05) σ I, σ II und ℬ auf die riesige Menge von 2,5 resp. 3 ccm Alt-Tuberkulin. Nur bei γ I und 𝔗 wiesen bei der Obduktion (nach Tötung mit Chloroform) einige der grauen Knötchen einen roten Hof auf, entstanden durch Kapillar-hyperämie. Nach all diesen Befunden darf wohl mit Sicherheit ausgesprochen werden, dafs die Knötchen keine tuberkulösen Bildungen sind.

Nun ist uns zur Genüge bekannt, dafs auch tote Tuberkelbazillen Knötchenbildungen erzeugen können (Römer), nach Marcantonio soll das Serum und das defibrinierte Blut mit experimenteller akuter Miliartuberkulose behafteter Tiere auch nach Filtration durch das Chamberlandsche Filter bei intraperitonealer oder subkutaner Impfung in Lunge, Leber und Milz tuberkuliforme Herde (ohne Bazillen und Riesenzellen) hervorbringen. Bei intraperitoneal geimpften Meerschweinchen soll es typische Lebertuberkel hervorrufen können, ebenso erzeugen die in Äther resp. Chloroform gelösten Bestandteile der Tb nach dem gleichen Autor resp. nach Auclair gewisse Veränderungen, wie wir sie bei Tuberkulose zu sehen gewohnt sind.

Allen diesen Veränderungen ist aber gemeinsam, dafs sie denen der echten experimentell erzeugten oder unter den natürlichen Verhältnissen entstandenen Tuberkulose äufserst ähnlich sind. Bei unseren Knötchen dagegen handelt es sich um ganz differente Bildungen. Denn sie stellen histologisch nichts anderes dar als aufserordentlich grofse Lymphknötchen, die eine ganz auffallende Tätigkeit zeigen.

Wir finden nämlich (vgl. Fig. 7) bei gewöhnlich recht weiten Kapillaren der Umgebung Anhäufung von Zellen, deren Kerne zumeist grofs, hell, wie aufgeblasen, sehr chromatinarm sind; bei manchen Kernen sammelt sich das Chromatin am Rande an; wir sehen ferner als etwas besonders Charakteristisches in grofser Anzahl Kernteilungsfiguren in allen Stadien. Auch auf

4 *

eine öftere Anwesenheit zahlreicher eosinophiler Zellen in solchen
Knötchen und den nahegelegenen Blutgefäfsen bin ich aufmerksam geworden — ob es sich aber um eine konstante Begleit-
erscheinung handelt, kann ich heute noch nicht sagen. Das
Knötchen vermag bei dieser reichen Tätigkeit, wie erwähnt, bis
über Miliumgröfse anzuschwellen und in den exquisiten Fällen
finden sich die Lungen (am stärksten zumeist die Unterlappen)
wie übersät von den kleinen Knötchen (Fig. 3 und 5 im Gegensatz zu Fig. 2 und 4). —

Als ich sicher zu sein glaubte, dafs die Knötchen Ansammlungen von Lymphelementen seien, stellte ich mir die Frage, ob
und in welcher Weise solche in der normalen Lunge verteilt
seien.

Ich habe deshalb bei zahlreichen Meerschweinchen Serien-
untersuchungen von Lungenstücken vorgenommen, bei ganz normalen Tieren sowohl, wie bei solchen, die einer Infektion erlegen
waren oder eine solche überstanden hatten[1]. Ich fand in allen
untersuchten Lungen kleinste Ansammlungen von Lymphelementen
und zwar ebensowohl bei jungen wie bei heranwachsenden und
alten Tieren. Bei den neugebornen sind sie ganz klein, scheinbar auch spärlicher als bei älteren Tieren, mit dem fortschreiten-
den Wachstum tritt eine gewisse Vergröfserung und Vermehrung
ein. Dies adenoide Gewebe hat seine Prädilektionsorte direkt
unter der Pleura, im peribronchialen Gewebe und in der Scheide
kleiner Blutgefäfse. Sein enger Zusammenhang mit dem Gefäfs-
system geht auch daraus hervor, dafs man die Gebilde sehr häufig
von kleinen und kleinsten Arterien durchbohrt findet.

Der mikroskopische Bau derselben ist gleich dem eines jeden
Lymphknötchens. Abbildung 6 zeigt sehr gut die Zusammensetzung eines sehr grofsen Konglomerates vom Lymphendothelien
aus einer normalen Meerschweinchenlunge. Man sieht dort stark

---

1) Ich nahm zur Untersuchung stets solche Stücke, in denen dem ma-
kroskopischen Anblick zufolge sich die gröfsten Knötchen befanden. Durch
Übung brachte ich es so weit, noch allerkleinste ›stecknadelspitzgrofse‹
Knötchen zu erkennen. Auf Details darf ich hier nicht eingehen, hoffe
aber später in ausführlicher Weise dies Thema umfassen zu können.

chromatinhaltige, gleichmäfsig aussehende Zellen, die kaum etwas von einer gröfseren Tätigkeit erkennen lassen.

In den Lehrbüchern der Zoologie und der vergleichenden Anatomie konnte ich wenig Bemerkenswertes über diese Lymph-organe der Lunge finden.

Dennoch sind sie schon seit ziemlich langer Zeit beschrieben worden. Über die mit der Bronchialwand in inniger Beziehung stehenden Lymphorgane haben Burdon-Sanderson, C. A. Ruge, Klein, Friedländer, Schottelius und Frankenhäuser berichtet. Arnold und Lüders machten vor allem auf das subpleural liegende lymphatische Gewebe der Lunge aufmerksam, und bei Ribbert, neuerdings bei Sawada, bilden die Knötchen einen wesentlichen Punkt bei der Entstehung der hämatogenen Miliartuberkulose der Lunge.

Über die Deutung derselben ist man nicht immer einig ge-wesen, sie sind ebenso als normale Bestandteile angesehen worden, wie ›als pathologische Produkte oder aber als mehr zufällige und unwesentliche Gebilde.‹

Heute können wir es als gesichert betrachten — und für das Meerschweinchen bieten auch meine Untersuchungen eine Stütze — dafs man die Anwesenheit der lymphatischen Elemente in der Lunge als etwas ganz Normales ansprechen darf. Aber der be-sonders durch Arnolds Arbeiten errungene Standpunkt, dafs nicht nur bei den einzelnen Arten, sondern auch bei verschie-denen Individuen derselben Art Differenzen in der Verteilung und im Bau dieser lymphatischen Apparate sich finden, wird wieder zu verlassen sein. Wenn auch Verschiedenheiten in engen Grenzen zuzugeben sind, so bin ich nach meinen Untersuchungen heute der Überzeugung, dafs im allgemeinen das, was für indi-viduelle Abweichung angesehen wurde, ein pathologisches Produkt ist, oder besser ausgedrückt, eine Reaktion des Kör-pers gegen eingedrungene Noxen darstellt. Während nämlich bei den normalen Tieren fast ausnahmslos verhältnis-mäfsig kleine, in grofser Ruhe befindliche Lymphorgane sich fanden (wie oben beschrieben), war bei den in der Tabelle aufgeführten Meer-schweinchen beinahe stets ein ganz anderes Verhalten zu bemerken.

Hier darf ich zur besseren Begründung meiner folgenden Anschauungen einige Arbeiten von Bartel kurz einschalten. Der Autor versuchte der Fütterungstuberkulose beim Kaninchen durch Überimpfung von Drüsen, Tonsillen usw. auf Meerschweinchen zu folgen und konnte dabei wiederholt in Organen Tb nachweisen, wo makroskopisch keinerlei auf Tuberkulose deutende Veränderung zu konstatieren war, in einem Falle fand er sogar Latenz der Tuberkuloseerreger 104 Tage lang.

Mir ist im völligen Gegensatze hierzu — wie die Tabelle zeigt — der Nachweis der Tb auf dem gleichen Wege nicht geglückt. Da jedoch die im Vorhergehenden beschriebenen Versuche eindeutig erwiesen hatten, daß sich ganz regelmäßig durch die von mir verabreichten Tb-Quantitäten eine Fütterungstuberkulose erreichen läßt, so muß ganz sicher zum mindesten ein Teil der durch Weiterverimpfung geprüften Organe Tb-haltig gewesen sein. (Man erinnere sich nur, daß bis zu $10\,^1/_2$ Tagen zwischen Fütterung und Tötung vergangen waren!). Einerseits wird die Differenz zwischen Bartels und meinen bezüglichen Versuchen sich erklären lassen aus einem verschiedenen Virulenzgrade der verwandten Bazillen, anderseits macht das Fehlen jeglicher tuberkulöser Erscheinungen bei meinen Impftieren und der gerade bei ihnen immer wiederkehrende »Knötchen«-Befund es außerordentlich wahrscheinlich, daß die Knötchen mit den bei der Impfung in den neuen Tierkörper mit eingebrachten Tb zusammenhängen.

Ich hatte, angeregt durch Nicolas und Descos (oben zitiert) und durch meine anatomischen Untersuchungen die Vorstellung bekommen, daß ganz schnell nach der Fütterung einzelne Tb in Drüsen einwandern. Nun wird gewiß nicht jede Drüse deshalb gleich von Tuberkulose befallen, besonders die Bartelschen Untersuchungen kommen ja den Behringschen Anschauungen von einer gewissen Latenz der Tb im tierischen Organismus entgegen. Meine Fütterungsresultate (des I. Teils) hatten gezeigt, daß sehr häufig nur eine Drüsengruppe tuberkulös erkrankt war, in einer Anzahl von Fällen waren aber zweifellos verschiedene Gruppen gleichzeitig von der Tuberkulose ergriffen.

Es ging daraus für mich hervor, dafs wahrscheinlich die Infektionsmöglichkeit für viele Drüsengruppen in allen Fällen gegeben ist, dafs aber oft genug die Drüsen, in welche eine verhältnismäfsig geringe Anzahl von Tb eingedrungen ist, der Infektion widerstehen können. Nach meinen Resultaten sind dies sicher öfters die Halsdrüsen als die Prozessusdrüsen.

Wird nun eine solche Drüse dem Organismus frühzeitig entnommen, so mufs sie gewifs noch die vielleicht schon unschädlich gemachten oder doch bereits schwer geschädigten Tb enthalten. Wird die Drüse weiter überimpft, so kann eine Tuberkulose natürlich nicht mehr entstehen, die wenigen, zum mindesten schwer geschädigten Tb können auch nicht zu tuberkelähnlichen Bildungen mehr führen. Ich weise hier auf die schon oben zitierte, wichtige Arbeit von Perez hin. Dieser nimmt eine allmählich bis zum völligen Virulenzverlust sich steigernde Abschwächung der in die Lymphdrüsen eingedrungenen Bakterien an. Nach einer zwei- bis dreimaligen Passage der Tb durch die Drüsen konnte er nur noch eine milde Infektion bei Tieren erzeugen. Bei den ganz geringen Mengen unseres schwach virulenten (Menschen-) Tb hat gewifs die zweite Passage schon die völlige Abtötung derselben herbeigeführt. Nun wird aber der zweite Tier-Organismus die toten Tb nicht ohne weiteres liegen lassen oder einfach resorbieren. Wenn ihnen auch die vitale Kraft genommen ist, so enthalten sie noch immer dem tierischen Körper widrige Stoffe[1]). Gegen diese wird er sich durch Bildung von Abwehrprodukten schützen wollen, kurz es werden mit aller Wahrscheinlichkeit Immunisierungsvorgänge eingeleitet werden.

1) Bartels, der durch nicht sicher zu deutende Befunde an seinen Impftieren zu Untersuchungen über die Wirkung schwach virulenter Tb veranlafst wurde, fand zusammen mit Stein, dafs schwach virulente abgetötete Tb in den von ihnen veränderten Organen in natürlicher Verteilung eingeschlossen, nicht imstande seien, am Impftiere Veränderungen spezifischer Natur oder auch nur Marasmus zu erzeugen. Ich habe die Protokolle von B. und S. genau studiert, konnte aber in ihnen Veränderungen nicht finden, die in ihrem histologischen Bau meinen Lungenknötchen entsprochen hätten. Leider haben die Autoren keine Untersuchungen der Lungen selbst unternommen. Vielleicht besitzen sie noch das Obduktionsmaterial und vermögen bei genauer Durchsicht die Knötchen wirklich zu entdecken.

Für einen Ausdruck solcher Vorgänge nun halte ich meine Knötchen[1]). Da der Organismus sehr häufig in die Lage kommt, sich gegen eingedrungene schädliche Stoffe (Bakterien oder ihre Produkte) wehren zu müssen, so erschien es möglich, dafs nicht nur die Tuberkelbazillen, sondern auch andere belebte oder unbelebte Gifte das normale adenoide Gewebe der Lunge in der beschriebenen Weise beeinflussen können.

Bei meinen Nachforschungen an anderen Lungen als denen meiner Impftiere habe ich aber nur ganz selten ähnliche Veränderungen gefunden, so bei einem Tier, das eine schwere Diphtherietoxin-Infektion überstanden hatte, ein andermal bei einem Fall spontaner septischer Erkrankung, einmal auch bei einem alten schwangeren Muttertier.

Diese wenigen Beobachtungen vermöchten vielleicht gegen eine Spezifizität des eigenartigen Prozessus in der Lunge zu sprechen, indessen könnte ja auch der Körper dieser Tiere in irgend einer Weise mit geringen Dosen abgeschwächter Tb zu tun gehabt haben[2]). Natürlich sind mit dem Mitgeteilten meine Arbeiten über diesen Punkt nicht abgeschlossen. Ich habe seit längerer Zeit schon Tiere in Beobachtung, die mit Drüsen und Blut unbehandelter neugeborener Junger geimpft sind. In den ersten drei Monaten konnte ich bei ihnen eine stärkere Knötchen-Entwicklung nicht feststellen. Weitere Stadien sind noch nicht untersucht.

---

1) Ich erinnere daran, dafs Manfredi und Viola auf den Einflufs der Lymphdrüsen bei der Erzeugung der Immunität gegen ansteckende Krankheiten aufmerksam gemacht haben.

2) Ich kann hier eine Beobachtung anführen, wo ich bei einem nur mit Drüsen eines unbehandelten neugeborenen Jungen geimpften Meerschweinchen (71) nach 2¾ Monaten eine typische Knötchenlunge fand. Die Obduktion ergab »eine einzige kleinlinsengrofse Halsdrüse, sehr hart. Beim Durchschneiden zeigte sich an einer Stelle purulente Erweichung, sowie ein kleiner Verkalkungsherd«. Die histologische Untersuchung bestätigte Tuberkulose dieser Drüse (mit aufserordentlich zahlreichen Riesenzellen und wenigen Tb), offenbar handelte es sich in diesem Falle um eine Stallinfektion. Es wäre nicht unmöglich, dafs bei den oben genannten drei Beobachtungen Stallinfektionen mit so abgeschwächten Tb stattgefunden hätten, dafs eine pathologisch-anatomisch nachzuweisende Tuberkulose nicht mehr entstehen konnte.

Ferner habe ich mit einem sehr stark virulenten, von Exzellenz v. Behring mir gütigst zur Verfügung gestellten Rindertuberkelbazillus Fütterungen vorgenommen und Drüsen wie Blut der betreffenden Tiere frühzeitig weiter verimpft. Im Blut selbst konnte ich kurz nach der Fütterung mittels der Joussetschen Methode Tb nicht nachweisen[1]). Das Ergebnis an den Impftieren muſs noch abgewartet werden.

Auch auf andere Bakterienarten und -Gifte will ich weiterhin meine Untersuchungen noch ausdehnen.

Für die vorliegende Arbeit möchte ich — da vorläufig noch zu wenig ganz Sicheres gefunden ist — keine bindenden Schlüsse ziehen, immerhin machen die Knötchen mir (wie aus meinen vorausgehenden Deduktionen ja hervorgehen muſs) wahrscheinlich, daſs der Tb durch die Fütterung rasch in die Organe der betr. Tiere gelangen kann. ·

Noch eine Frage ist der Erwähnung wert, wie es wohl kommen mag, daſs gerade in den Lymphorganen der Lunge solche Vorgänge auftreten. Hierzu muſs ich bemerken, daſs die Obduktion der Knötchentiere manchmal Vergröſserung der Milz und besonders recht groſse Follikel in denselben ergeben hat, die von weiten Kapillaren durchzogen waren — eine Erscheinung, welche an die für die Lungen beschriebene erinnert, und daſs ich mehrmals in den Lebern eigenartige Bildungen sah, die vielleicht auch hiermit zusammenhängen. Möglicherweise aber ist es die reiche Versorgung mit Sauerstoff (sowohl direkt aus der Luft, wie durch die Äste der Arteria pulmonalis[2]), die gerade die Lunge am befähigtsten macht, den Körper in seinen Abwehrbestrebungen zu unterstützen. Ob die gleichen Vorgänge auch bei anderen Tierarten, und insbesondere auch beim Menschen, sich finden, vermag ich nach meinen Beobachtungen natürlich nicht zu sagen, doch hat eine solche Meinung alle Wahrschein-

----

1) Diese von ihrem Entdecker sehr gepriesene Methode des Nachweises der Tb nach Verdauung der sie einschlieſsenden Gerinnsel, scheint nach neueren Berichten, z. B. von Beitzke, doch nicht absolut zuverlässig zu sein

2) Nach Prof. Zumsteins Versuchen (zitiert bei Sawada) werden fast alle Lymphknötchen der Lunge von Zweigen der Lungenarterie versorgt.

lichkeit für sich. Speziell beim Menschen wird aber ähnliches
wegen des starken Pigmentgehaltes der Lungen (und auch ihres
adenoiden Anteiles) nur zu leicht der Aufmerksamkeit entgehen
können.

Daſs so viele Monate nach der Infektion die Knötchen noch
eine so starke Tätigkeit zeigen, braucht dann nicht wunder zu
nehmen, wenn wir die Knötchen wirklich für den Ausdruck im
Körper vor sich gehender immunisatorischer Vorgänge halten.

Versuche mit hämolytischem Serum.

Die ersten Fütterungsversuche mit genuinem Eiweiſs wurden
mit einem hämolytischen Immun-Serum vorgenommen. Wir
wissen zwar heute nichts über die chemische Konstitution der
spezifischen Körper in einem solchen Serum, dürfen aber wohl
annehmen, daſs sie in dieselbe Kategorie von Substanzen gehören wie die übrigen Antikörper. (Man vergleiche hierzu die
Darlegungen Zanggers »Über die Funktionen des Kolloidzustandes bei den Immunkörperreaktionen«.)

Es war daher naheliegend, ein hämolytisches Immun-Serum
zu verfüttern, da schon geringe Quantitäten desselben im Blute
des lebenden Tieres bedeutende und leicht nachweisbare Veränderungen hervorzubringen vermögen.

Wenn wirklich alle genuinen Eiweiſsstoffe »fast quantitativ«
durch den Magendarmkanal der Neugebornen ins Blut übergehen, so muſste ein mit genügenden Mengen eines spezifischen
hämolytischen Serums gefüttertes Meerschweinchen unter denselben Krankheitserscheinungen sterben, als ob ihm das Serum
direkt in die Blutbahn eingespritzt worden wäre, oder zum
mindesten doch an schwerer Hämoglobinurie erkranken.

Ehe ich meine Versuche schildere, möchte ich noch einer
Mitteilung Métalnikoffs Erwähnung tun, die übrigens seither
in der Literatur keine Stütze gefunden hat. Es ist nämlich nach
seinen Angaben gelungen, auch durch Blutfütterung spezifische
Hämolysine zu erzeugen. Wenn dies allgemeine Geltung hätte,
wäre also ein Übertritt unveränderten Blutes sogar durch den
Magendarmkanal erwachsener Tiere in deren Kreislauf erwiesen.

Ich stellte mir ein hämolytisches Serum dadurch her, dafs ich mehreren Kaninchen wöchentlich je zweimal die wiederholt aufs sorgfältigste ausgewaschenen Blutkörperchen eines Meerschweinchens (so viel aus einer Karotis zu erhalten waren) in physiologischer Kochsalzlösung aufgeschwemmt, intraperitoneal injizierte. Die am 9. und 10. XII. 1903 vorgenommene Prüfung des Serums eines seit dem 21. XI. 1903 behandelten Kaninchens (γ) ergab:

	Menge des spez. Serums.	Resultat nach 2h
0,1 ccm eines ausgewachsenen Meer- schwein - Blutkörperchenbreies bei einem Gesamtvolum von 2,0 ccm zusammengebracht mit:	1. 0,5 ccm 2. 0,25 » 3. 0,125 » 4. 0,06 » 5. 0,03 » 6. 0,015 » 7. 0,01 » 8. 0,005 » 9. 0,0025 » 10. 0,001 » Kontrolle	komplette Lösung mäfsige Lösung geringe Lösung nichts —

Gleichzeitig zeigte das Serum starke blutkörperchenagglutinierende Wirkung.

Das zur selben Zeit untersuchte Serum eines gleich lang behandelten Kaninchens β hatte eine nur ganz wenig schwächere Wirkung.

Die folgenden zwei Versuche wurden mit einem Mischserum (2 Teile Serum Kan. β + 1 Teil Serum Kan. γ) vorgenommen.

1. Ein 80 g schweres neugeborenes Meerschweinchen (J II, 2 Stunden alt) wurde am 14. XII. 1903 mit 1 ccm des Mischserums am Bauch subkutan injiziert. Am übernächsten Tag wurde stark hämoglobinhaltiger Urin sezerniert und in der Nacht starb das Tier. (Obduktion unmöglich, weil Eventeration durch die andern Käfiginsassen vorgenommen war.)

2. Gleichzeitig wurde ein 70 g schweres, gleichaltriges Meerschweinchen J III mit 3 ccm des gleichen Mischserums mittels gewöhnlicher Pipette gefüttert. Das Tier wurde 10 Tage lang genau beobachtet. Damit eine ständige Kontrolle des Urins ermöglicht war, wurde es während des Tages in ein Glasgefäfs gesetzt, das mit weifsem Fliefspapier ausgelegt war. Das Tierchen blieb völlig munter und nahm an Gewicht stetig zu, es wurde niemals auch nur eine Spur von Hämoglobin mit dem Urin sezerniert.

Irgendwie stärkere Hämoglobinurie müfste sich ja durch eine rötliche Färbung des bei jungen Tieren hellen und klaren Urines kundgeben. Ich liefs mir aber daran nicht genügen, sondern löste den auf dem Filtrierpapier eingetrockneten Urin in physiologischer Kochsalzlösung und untersuchte mit dem Spektralapparat. Es gelang nicht, die bekannten Streifen des Hämoglobins nachzuweisen.

3. Meerschweinchen L II, 70 g schwer, wenige Stunden alt, bekam am 17. XII. 1903 mittels gewöhnlicher Pipette per os im Laufe des ganzen Tages 6¹/₂ und am folgenden Morgen nochmals 1 ccm, zusammen also 7¹/₂ ccm — diesesmal inaktivierten — hämolytischen Serums vom Kaninchen γ.
Es blieb völlig gesund, sezernierte nie hämoglobinhaltigen Urin (auch spektroskopisch geprüft).
4. Das gleiche Resultat ergab die Verfütterung von 8¹/₂ ccm inaktiven Serums des Kaninchens γ an ein 90 g schweres Meerschweinchen M III am ersten und dritten Lebenstage (31. XII. 03 und 2. I. 04) und von 8¹/₂—9 ccm des gleichen Serums an sein 90 g schweres Geschwister M IV an den gleichen Tagen.

Nachdem diese Versuche alle völlig negativ ausgefallen waren, setzte ich die Untersuchung zunächst auf anderen Gebieten fort, um erst im Juni 1904 wieder auf das hämolytische Serum zurückzukommen. Das frisch entnommene Serum des Kaninchens β hatte am 21. VI. 1904, n a c h d e m   d a s   T i e r   e i n   h a l b e s   J a h r n i c h t   m e h r   b e h a n d e l t   w o r d e n   w a r, bei der oben geschilderten Versuchs-Anordnung noch s t a r k e   h ä m o l y t i s c h e W i r k u n g, ein Tierversuch (v IV, 70 g schwer) zeigte aber doch, dafs eine weitere Steigerung noch von nöten sei. Es wurde deshalb vom 27. VI. 04 an wieder die Injektion mit Erythrocythen vom Meerschweinchen vorgenommen. Am 19. VII. ergab die Prüfung des Serums, genau nach der auch bei S a c h s referierten E h r l i c h und M o r g e n r o t h schen Vorschrift vorgenommen:

	Menge des hämol. Serums	Resultat nach 2 h
1 ccm einer 5proz. Aufschwemmung reiner Meerschwein - Blutkörperchen in 0,85 proz. Na Cl·Lösung versetzt mit . . . . (Gesamtvolum der Flüssigkeiten je 2 ccm)	0,2 ccm 0,1 „ 0,05 „	} komplette Lösung
	0,025 „ 0,01 „	} fast kompl. Lösung
		mäfsige Lösung
	0,005 „	geringe Lösung
	Kontrolle	—

Ein 4 Tage altes, 70 g schweres Meerschweinchen γ II bekam am gleichen Tag 1 ccm dieses Serums subkutan unter die Bauchhaut gespritzt. Es starb mit starker Hämoglobinurie nach 1½ Tagen. Bei der Obduktion zeigte sich eine grofse blaurote Milz, stark rotes z. T. wie von flüssigem Blute erfülltes Knochenmark der Oberschenkel, stark blutiger Urin in der Blase.

Mit diesem ausgezeichnet wirksamen Serum wurde nun der folgende Versuch vorgenommen. Derselbe unterscheidet sich von den vorausgehenden durch die aufserordentliche Menge des verfütterten Serums. Weiterhin genügte mir hier nicht die einfache Beobachtung des Tieres, sondern ich nahm häufige BlutkörperchenZählungen vor, um eventuelle Veränderungen in der Zahl der roten Blutkörperchen feststellen zu können, auch wenn kein Hämoglobin durch die Nieren ausgeschieden würde. Durch Cantacuzène wissen wir ja, dafs geringste Mengen des hämolytischen Immunserums eine Vermehrung, gröfsere Mengen erst eine Auflösung und somit Verminderung der roten Blutkörperchen beim lebenden Tier hervorzubringen vermögen.

Schliefslich dehnte ich dabei die Untersuchung noch auf einen anderen Punkt aus, nach dem folgenden Gedankengang: Wenn wirklich hämolytisches Serum durch den Magendarmkanal des Neugebornen unverändert in seinen Kreislauf eindringen könnte, so müfste bei länger fortgesetzter Fütterung mit solchem Serum genau der gleiche Vorgang eintreten, wie wenn dasselbe wiederholt in den Körper und somit in das Blut des Versuchstieres eingespritzt würde, d. h. es müfste unter diesen Bedingungen der Tierkörper nach allgemein gültigen Gesetzen mit der Bildung spezifischer Antikörper reagieren, in diesem Falle also mit der Bildung von Anti-Hämolysinen. Durch den Nachweis (oder Nichtnachweis) dieser Stoffe mufste somit der vorliegende Versuch zum Experimentum crucis in dieser Frage werden.

Versuch.

Meerschweinchen 3. I., 90 g schwer, in der Nacht geboren, wird mit hämolytischem Serum von Kaninchen β gefüttert.

Blutkörperchenzählung vor Anstellung des Versuchs am ersten Lebenstag (25. VII. 1904 nachm. ¹/₂5 Uhr) ergibt mit Zeifsscher Kammer bei Zählung von 64 Feldern: 6800000.

Am 25. und 26. VII. wurden im ganzen mittels Ballpipette 16 ccm aktives und 2 ccm inaktives Serum verfüttert.

27. VII. Vormittag und Nachmittag im ganzen 7 ccm inaktiven Serums verfüttert. Gewicht 110 g.

28. VII. Vorm. 5 ccm inaktiven, Nachm. 5 ccm aktiven Serums verfüttert. Gewicht 120 g.

Blutkörperchenzählung (wie oben) am Nachmittag: 6 250 000.

Urin, wiederholt am Nachmittag gelassen, ist völlig klar. Spektroskopisch: kein Hämoglobin.

29. VII. Am Nachm. 7 ccm aktiven Serums verfüttert. Gewicht 120 g.

30. VII. Vorm. 5 ccm aktiven Serums verfüttert. Gewicht 125 g.

1. VIII. Gewicht 145 g. Blutkörperchenzählung am Morgen (ausnahmsweise mit der Hälfte der gewöhnlichen Blutmenge vorgenommen) 4 787 500.

2. VIII. Gewicht 150 g.

3. VIII. Gewicht 165 g Blutkörperchenzählung am Morgen (mit der gewöhnlichen Blutmenge): 5 968 750.

6. VIII. Gewicht 150 g. Blutkörperchenzählung am Morgen (wie gewöhnlich): 6 556 250.

Der Urin war bis dahin stets ohne Hämoglobinbeimengung.

Mittags 11 Uhr: Entblutung durch Halsschnitt. Bei der Obduktion zeigte sich in der Blase klarer Urin.

Dies kleine Versuchstier bekam also in 6 Tagen nahezu 50 ccm hämolytisches Serum per os verfüttert. Hierbei wurde teils inaktives teils aktives Serum genommen, und zwar wurde auch letzteres benutzt, um einem eventuellen Einwand vorzubeugen, daß das Blut des jungen Tieres zu wenig Alexin besitze, als daß die hämolytische Eigenschaft resorbierten inaktivierten Serums zur Wirkung gelangen könne. Die Fütterungen wurden teils bei gefülltem, teils bei durch mehrstündiges Hungern leerem Magen vorgenommen, um die Magensaft-Sekretion unter verschiedenen äußeren Verhältnissen zur Geltung zu bringen.

Während der ganzen Dauer des Versuches konnte keine Hämoglobinurie beobachtet werden. Die Zählung der roten Blutkörperchen ergab vor Beginn der Fütterung:

6 800 000, dann

aufeinanderfolgend die

Werte von   6 250 000,

                 4 787 500,

                 5 968 750 und am Ende des Versuches
                 6 556 250.

Hierzu mufs bemerkt werden, dafs die Zählung der roten Blutkörperchen bei so kleinen Tieren ziemliche Schwierigkeiten macht. Ein Schnitt durch die Ohrhaut (Ohrvene) genügt oft nicht, um das notwendige Blut zu erhalten, und man mufs in diesem Falle zu kleinen Einschnitten in die Bauchhaut seine Zuflucht nehmen; auch da kommt es oft vor, dafs das Blut so lange braucht, um in genügender Menge auszufliefsen, dafs es schon in der kleinen Saugpipette geronnen ist, ehe man dazu kommt, die zur Verdünnung dienende physiologische Kochsalzlösung nachzusaugen. So bin ich manchmal überhaupt zu keiner Zählung gekommen, und gerade am 1. VIII., wo das auffällige Resultat eines Wertes von ca. $4\frac{3}{4}$ Millionen gefunden wurde, mufste ich — um überhaupt eine solche ausführen zu können — mit der Hälfte der sonst immer benutzten Blutkörperchenmenge mich begnügen. Ich glaube wohl, dafs hierdurch eine Fehlerquelle geschaffen wurde, aber immerhin stehen die fünf aufeinanderfolgenden Blutkörperchenwerte ihrer Gröfse nach in einem kontinuierlichen Zusammenhang. Wenn auch nach Cantacuzène durch Eindringen einer kleinen Menge des spezifisch hämolytischen Serums in das Blut eine vorübergehende Zunahme der Erythrozythen zu erwarten gewesen wäre, so lassen unsere Zählungen vielleicht doch den Rückschlufs zu auf eine kurzdauernde Abnahme der roten Blutkörperchen; mit dem Aussetzen der Fütterung des hämolytischen Immunserums würde dann die Erythrozythenzahl rasch zur alten Höhe angestiegen sein. Das Fehlen jeglicher Hämoglobinurie beweist aber auf jeden Fall, dafs es sich nicht um eine umfangreichere Zerstörung der roten Blutkörperchen gehandelt haben kann; und wenn wir somit wirklich zu dem Resultat gelangen würden, den Eintritt von verschwindend kleinen Mengen des verfütterten Serums in das Blut anzunehmen, so würden wir damit nur die Regel bestätigt finden, die sich schon aus Versuchen von Ascoli, Uhlenhuth und Michaelis und Oppenheimer ergeben hat. Es gelang diesen nämlich bei erwachsenen Tieren nach wiederholt per os eingeführten grofsen Eiweifsmengen später spezifische Präzipitine im Blute nachzuweisen. Diese Befunde werden ja durch die plötzliche

Überschwemmung des Magens genügend erklärt, die es für den Augenblick nicht zu entsprechend grofser Verdauungssaft-Absonderung kommen läfst.

Die Untersuchung des Serums der mit so gewaltigen Mengen spezifisch hämolytischer Stoffe gefütterten Jungen auf Anti-Hämolysingehalt ergab aber ein vollkommen negatives Resultat. Sie wurde zu wiederholten Malen vorgenommen, wobei die Menge der auf Anti-Hämolysingehalt geprüften Flüssigkeit verschieden grofs war. Es bedarf kaum der Erwähnung, dafs erst in Vorversuchen die Kraft des zu diesen Experimenten benutzten hämolytischen Serums genau wieder festgestellt war, und dafs den eigentlichen Versuchen stets der reine Hämolyse-Versuch parallel ging.

Darnach bin ich doch der Meinung, dafs die gröfseren Differenzen bei den Blutkörperchenzählungen nur durch die geschilderte Fehlerquelle zu erklären sind.

Versuche mit Kasein.

Ich komme nun zur Schilderung der Versuche mit Verfütterung von Kuhmilch. Jegliche Milch enthält bekanntlich ganz verschiedenartige genuine Eiweifskörper, als deren wichtigste ich das Serumeiweifs und das Kasein nenne.

Nun wäre es ja schon an und für sich interessant gewesen, den Nachweis zu versuchen, ob auch diese beiden Stoffe durch den Magendarmkanal des Neugebornen in seine Blutbahn übergehen können, es lag aber eine ganz besondere Pflicht zu diesen Untersuchungen vor infolge der Stellungnahme v. Behrings gerade zur Resorption des Kaseins vom Intestinaltrakt des Neugebornen aus. In einem zu Anfang 1904 in der Woche erschienenen populären Aufsatz »Säuglingsmilch« erklärt v. Behring, dafs der Säugling mit dem Serum-Eiweifs eine zur Bluts- und Gewebsbildung unmittelbar geeignete Nahrung in sich aufnimmt, während das Kasein »bei der direkten Aufnahme in das Blut neugeborener Kinder geradezu wie ein Gift« wirke. Er sagt dann an späterer Stelle: Während größere Kinder und erwachsene Menschen die relativ großen Kügelchen (Moleküle) von genuinem hämatogenem Eiweiß — ... — durch ihre Schleimhäute nicht hindurch lassen, verhalten sich dem gegenüber die intestinalen Schleimhäute der Säuglinge bis zum Alter von drei bis vier Wochen wie feinporige Filter. Selbstverständlich gehen da aber nicht bloß die in der Milch enthaltenen Teilchen von hämatogenem Eiweiß, sondern auch die eher noch etwas kleineren Käsestoffteilchen in die Blutbahn über. Sie wirken daselbst wie Fremdkörper, deren sich das Blut wieder entledigen muß, und damit hängt ihre schädliche Wirkung zusammen.«

Von den Bedenken, die sich gegen diese Annahme des Kasein-Übertritts in das Blut sofort einstellten, will ich erst nach Schilderung meiner Versuche sprechen.

Selbstverständlich konnte sich der Nachweis des Kaseins — nur nach diesem genuinen Eiweiß der Milch habe ich gefahndet, und nur von ihm wird im folgenden die Rede sein — nicht auf chemische Methoden stützen, aber wir haben ja in den letzten Jahren durch die biologische Forschung Reagentien kennen gelernt, die ungemein viel feiner und spezifischer arbeiten als die chemischen und ein solches Reagenz besitzen wir für das Kasein in dem Laktoserum.

Das Laktoserum wird in entsprechender Weise, wie das oben für das hämolytische Immun-Serum geschildert wurde, dadurch hergestellt, daß man Tieren Kuhmilch in angemessenen Abständen subkutan injiziert. Das Blutserum so behandelter Tiere (Kaninchen) enthält nach einiger Zeit einen Stoff, der die Eigenschaft besitzt, jegliches Kuh-Kasein aus Flüssigkeiten auszufällen, zu präzipitieren. Man kann durch diesen Präzipitations-Vorgang in klaren Medien schon allerkleinste Spuren durch die bald auftretende Trübung nachweisen.

Nachdem die Versuche, mittels Rohmilch ein Laktoserum herzustellen, durch den frühzeitigen Tod der dazu benutzten Tiere immer wieder vereitelt waren, entschloß ich mich, von derselben[1]) abzugehen und verwandte nun nach dem Forster-Gerberschen Verfahren hergestellte Milch zu diesen Injektionen.

Dies Verfahren hat einerseits den Vorteil, die pathogenen Bakterien der Milch abzutöten, anderseits verändert es das Kasein in keiner Weise.

Mit dieser Milch (wöchentlich 2 malige Injektion von je 10 ccm) kam ich sofort zum Ziel.

Am 6. und 7. VI. 1904 wurde den beiden seit $3\frac{1}{2}$ Wochen behandelten Kaninchen (ι und $\varkappa$) Blut entnommen. Beider Serum zeigte in abgerahmter Milch in der Verdünnung von 1 : 360 noch deutliche Ausfällung und Niederschlagsbildung (siehe unten).

Ehe ich nun zur Schilderung meiner Milch-Fütterungs-Versuche übergehe, will ich noch erwähnen, daß von der vierten Woche ab die beiden Kaninchen deutlich an Gewicht abzunehmen begannen. Das eine wurde nach der letzten Injektion so hinfällig, daß es zu Beginn der 6. Woche getötet werden mußte, nachdem es im ganzen 7 mal 10 ccm Gerber-Milch eingespritzt bekommen hatte. Die Prüfung des Serums ergab jetzt, daß offenbar unter der schweren Reaktion des Körpers gegen die letzten Injektionen fast jegliche präzipitierende Wirkung wieder geschwunden war.

Ähnliche Vorgänge finden wir ja bei der isopathischen Immunisierung der Pferde beim Tetanus, wo in der Reaktionszeit der Immunisierungswert des Blutserums abnimmt, und — wie Dieudonné angibt — die bis dahin im Harn nachweisbaren immunisierenden Substanzen aus diesem verschwinden, ja sogar manchmal tetanusgifthaltigem Harn Platz machen.

Um nicht ein gleiches Mißgeschick am andern Kaninchen zu erleben, nahm ich seine Entblutung vor. Das Serum verursachte noch deutliche Präzipitation in abgerahmter Milch, 1 : 360

---

1) Ich hatte deshalb Rohmilch genommen, um jeglichem Einwand begegnen zu können, der vielleicht gegen die Benutzung gekochter Milch zur Herstellung eines brauchbaren Laktoserums hätte gemacht werden können. Angaben der Literatur freilich erweisen, daß durch Injektion gekochter Milch (nach dem Bericht von Hippius sogar durch Einspritzung 1 Stunde lang bei 120° im Autoklaven sterilisierter Milch) ein vollwirksames Laktoserum erhalten werden kann.

verdünnt, wenn man auch nur 1 Tropfen zu 2 ccm der Milch-
verdünnung zusetzte. Wie ad hoc angestellte Versuche zeigten,
wurde die Reaktion nicht gehemmt, wenn gröfsere Mengen des
Blutserums normaler Neugeborner den einzelnen Röhrchen bei-
gemischt waren. Mit Serum von obigem Tiere wurden alle die
folgenden Untersuchungen vorgenommen.

I. Meerschweinchen m I, 80 g schwer, etwas über 1 Tag alt, bekommt
mittels Ballpipette per os am

24. V.	1904 abends 6 Uhr	2 ccm	Gerbermilch		
25. V.	morgens 9 Uhr	3 „	„	während des	
	„ 11 „	2 „	„	Tages im	
	nachm. 4 „	2 „	„	übrigen	
26. V.	morgens 9 „	3 „	„	hungernd.	
	„ ³/₄11 „	2 „	„		
	„ 12 „	durch Halsschnitt entblutet.			

Bei der Untersuchung mit unserem Laktoserum auf etwaige
Kaseinbeimengung wurde stets so verfahren, dafs fallende Mengen
des zu untersuchenden Blutserums mit steriler physiologischer
Kochsalzlösung auf ein gewisses Volumen gebracht wurden. Dann
wurde jedem Röhrchen eine gröfsere Menge des wirksamen Laktoserums, in diesem Falle waren es je 10 Tropfen, zugesetzt.

Es zeigte sich hier nicht die geringste Präzipitation.

Die verschieden starken Verdünnungen des auf Kaseingehalt
zu prüfenden Serums wurden deshalb vorgenommen, weil — wie
wir vor allem durch L. Michaelis und Rostoski wissen —
starke Eiweifskonzentration als solche die Präzipitinreaktion verhindert (R.), und die Wirkung schwach wirksamer Präzipitine nur
dadurch sich zeigen läfst, dafs man viel Präzipitin mit wenig
präzipitabler Substanz mischt, da sonst infolge des Überschusses
an präzipitabler Substanz die Reaktion überhaupt nicht zustande
kommt (M.). Wir wissen ferner durch Michaelis, dafs der Regel
nach bei der Präzipitinreaktion der Niederschlag durch einen
Überschufs der präzipitablen Substanz wieder gelöst wird.

Um auch dieser Möglichkeit zu begegnen, wurde — nachdem
der obige Versuch negativ ausgefallen war — eine weitere Verdünnung durch Zusatz abgemessener Mengen von physiologischer
Kochsalzlösung herbeigeführt, aber ohne dafs dadurch das

**negative Resultat des Versuchs eine Änderung er-
fahren hätte.**

II. Meerschweinchen m II, 80 g schwer, vom gleichen Wurf wie das
vorige, bekommt am 24. V. 1904 und am Morgen des 25. V. insgesamt 7 ccm
Milch. Entblutung am 25. V. mittags 12 Uhr.
Versuchsanordnung und Ergebnis genau wie bei I.

III. Meerschweinchen t I, 70 g schwer, wenige Stunden alt, bekommt mit
Ballpipette per os am 9. und 10. VI. 1904 zusammen 12 ccm Milch. Am
10. VI. nachmittags $\frac{1}{2}$ 6 Uhr, also $1\frac{1}{2}$ Stunden nach der letzten Fütterung
Entblutung durch Halsschnitt.

Gleichzeitig wird nach Eröffnung des Peritoneums der Inhalt der
Blase steril aufgefangen.

Wir hatten in diesem Fall genügend Serum des Jungen,
um Mengen von 0,2 ccm abwärts zur Prüfung nehmen zu können.
Der Laktoserum-Zusatz betrug je 3 Tropfen. Selbstverständlich
wurden zahlreiche Kontrollen angestellt.

Das Blutserum enthielt kein Kasein.

Nun nahm ich in diesem Falle auch eine Untersuchung des
Blasen-Urins auf etwaige Kaseinbeimengungen vor.

Wir wissen ja aus der Physiologie, und ich stütze mich im
folgenden vor allem auf die Angabe Neumeisters, daſs die
Nieren die Aufgabe haben, die Zusammensetzung des Blutes zu
überwachen, indem sie alles Fremdartige und Überschüssige aus-
scheiden, und daſs sie diese Aufgabe so prompt erfüllen, ›daſs
man zur Prüfung, ob ein Eiweiſsstoff direkt resorbierbar ist, denselben nur in das Blut zu injizieren braucht.‹

Es hat sich nun bei solchen Untersuchungen, wie sie in
groſser Anzahl vorgenommen worden sind, gezeigt, daſs von
Proteinsubstanzen nicht direkt assimilierbar sind: das genuine
Eieralbumin, das Kasein, der Blutfarbstoff und das Glutin.
Hier mag auch eine Arbeit von Gürber und Hallauer aus
allerletzter Zeit Erwähnung finden, in der nach intravenöser Injektion von Kasein im Harn dieser Stoff unverändert nachgewiesen werden konnte.

Es müſste also nach diesen Gesetzen ein Teil des Kaseins,
falls solches in das Blut durch die Fütterung übergetreten wäre,
bereits wieder in den Harn ausgeschieden worden sein.

Die Untersuchung des Harns mit dem Laktoserum
ergab, dafs kein Kasein in demselben war.

Der Versuch war abends $\frac{1}{2}$7 Uhr angestellt, die Röhrchen
standen über Nacht im Eisschrank. Am folgenden Morgen fand
sich das Kontrollröhrchen völlig klar, das mit Laktoserum versetzte Röhrchen dagegen zeigte deutliche, diffuse Trübung
ohne Bodensatz. Die mikroskopische Prüfung diese Sediments
(zur exakten Sedimentierung bediente ich mich stets der Wasser-
zentrifuge) zeigte lediglich eine grofse Menge charakteristischer
Kristalle von Oktaederform, die in Essigsäure nicht löslich waren
— es handelte sich offenbar um oxalsauren Kalk — und ich
habe davon die Vorstellung, dafs die Oxalsäure aus dem Grün-
futter stammen mufs (das sich schon am Tage der Geburt im
Magen jedes Meerschweinchens finden läfst), der Kalk dagegen
aus dem Laktoserum[1]).

IV. Meerschweinchen t II, 70 g schwer, vom gleichen Wurf.

Genau ebenso und gleichzeitig behandelt wie das vorige.

Resultat in allen Punkten das gleiche negative (bei zwei-
maliger Prüfung).

V.—VII. Weiter führe ich einen Versuch mit 3 jungen
Meerschweinchen vom selben Wurf an, (R III, R IV, R V, 75 g,
75 g, 100 g schwer), die vom Tag der Geburt an mit roher Milch
gefüttert wurden. Sie bekamen am 13. und 14. VI. 1904 mittels
Ballpipette je 12 ccm Milch und wurden eine Stunde nach der
letzten Fütterung am Abend des 14. VI. entblutet.

Der Urin wurde aus den abgebundenen Blasen steril aufgefangen. Die Prüfung des Blutserums auf Kaseingehalt wurde
gemeinsam vorgenommen, gleichzeitig wurde zur Kontrolle das
Serum von 4 neugebornen unbehandelten Meerschweinchen (u I—IV)
in der nämlichen Weise geprüft.

Nach $5\frac{1}{2}$ Stunden zeigten sich die sämtlichen
Röhrchen noch völlig klar.

1) Im Urin von Säuglingen liefs sich oxalsaurer Kalk bei wiederholten
Untersuchungen nicht nachweisen. Salkowski fafst übrigens den oxal-
sauren Kalk im Urin als ein Abbauprodukt von Nukleinen, nicht nur von
Pflanzen auf.

Erst über Nacht stellte sich eine Trübung ein, die in gleicher Weise abgestuft — sowohl im Serum der milchgefütterten wie der unbehandelten Tiere sich zeigte, soweit Laktoserum zugesetzt war, nicht aber in den Kontrollröhrchen, die statt des Laktoserums nur physiologische Kochsalzlösung zugesetzt bekommen hatten.

Die mikroskopischen Präparate des zentrifugierten Sedimentes ergaben nadelförmige Kristalle, offenbar von neutralem phosphorsaurem Kalk, am nächsten Tag auch unregelmäfsige Körnchen, wohl ebenfalls phosphorsauren Kalks — $Ca_3 (PO_4)_2$.

Über Salzniederschläge bei Präzipitinversuchen hat schon Ascoli im Jahre 1902 berichtet. Die eben niedergelegten Beobachtungen zeigen, wie wichtig es ist, jeden Niederschlag bei Präzipitin-Reaktionen auch mikroskopisch zu identifizieren.

Eine Beobachtung der angestellten Versuche, länger als die ersten Stunden hindurch schien mir auf jeden Fall wünschens· wert, und ich habe lieber mir die Mühe genommen, erst später auftretende Niederschläge noch mikroskopisch zu untersuchen, als dafs ich einen Versuch schon für negativ erklärte, bei dem in den ersten Stunden die Flüssigkeiten ungetrübt geblieben waren.

Um so gröfsere Beweiskraft müssen natürlich die vorliegenden Untersuchungen haben.

⸱ Mit dem Mischurin der 3 R-Tiere angestellte Versuche ergaben ebenfalls völliges Freisein von Kasein-Präzipitat, aber wiederum Kristallniederschläge von der gleichen Art wie in dem Blutserum. Es mag hinzugefügt werden, dafs ein zur Kontrolle in derselben Zeit mit Laktoserum untersuchter Blasenurin eines älteren Meerschweinchens ($\varPhi$) den gleichen Kristallbefund darbot, aber aufserdem noch harnsaure Salze enthielt.

VIII.—XII. Das Folgende stellt einen Versuch im Grofsen dar. Er wurde gleichzeitig mit 5 Jungen unternommen (h I, h II, i I, je 80 g schwer, 2 Tage alt, k I und k II, 80 g schwer, einige Stunden alt). Sie erhielten ganz bedeutende Mengen Milch verfüttert, und der Zweck war, während des Lebens im Urin den Kaseinnachweis zu versuchen, vor allem aber nach einem ähn-

lichen Gedankengang wie bei dem letzten Experiment mit
hämolytischem Serum — zu prüfen, ob durch die andauernde
Verfütterung der grofsen Kaseindosen vielleicht ein Laktoserum gewonnen werden könnte. Somit mufs also auch
dieser Versuch bei der Entscheidung der Kaseinfrage das Experimentum crucis darstellen.

Leider war es nicht möglich, den Urin der Tiere
während des Versuches so aufzufangen, dafs jede Berührung mit den Fäces vermieden werden konnte. Eine
Entnahme des Harns mittels Katheter war natürlich bei den
kleinen Tieren ausgeschlossen.

Am 17. VI. 1904 wurde verfüttert:

vormittags 12 Uhr je 2 ccm Gerber-Milch
nachmittags 2 „ „ 2 „ „
„ 4 „ „ 2 „ „
„ 6 „ „ 2 „ „.
„ ¹/₂6 Uhr erste Urinentnahme.

Am 18. VI. 1904 erhielten die Tiere je 10 ccm Gerbermilch (um 9, 11,
2, 4 und 6 Uhr).

Am Abend wurden sie zur Mutter zurückgesetzt und blieben dort
während des 19. VI. (Sonntags).

20. VI. 04. Tagsüber bekam jedes Tier je 6 ccm Gerbermilch (2, 4
und 6 Uhr).

21. VI. Die Tiere bekamen im Laufe des Tages je 10 ccm Gerbermilch.

22. VI. Verfütterung von je 10 ccm Rohmilch.

23. VI. Verfütterung von je 12 ccm Gerbermilch.

24. VI. Die Tiere zur Mutter gesetzt (Feiertag).

25. VI. Verfütterung von je 12 ccm Rohmilch.

Gewicht von 3 Tieren noch je 80 g, von zweien je 100 g.
Stuhl stets geformt.

26. VI. Die Tiere zur Mutter gesetzt (Sonntag).

27. VI. Verfütterung von je 8 ccm Gerbermilch.

28. VI. Verfütterung von je 12 ccm Gerbermilch. Der Urin von
diesem Tag wird nochmals zur Untersuchung benutzt.

Am Abend kommen die Tiere zur Mutter zurück.

4. VII. Die Tierchen haben, seit sie wieder an der Mutter saugten, an
Gewicht zugenommen (Gewicht von dreien je 100, von zweien je 120 g).
Am Abend wurden sie durch Halsschnitt entblutet, ihr Serum wurde ge-
meinsam verarbeitet.

Von einer Untersuchung des Serums auf Kasein konnte abgesehen werden, da die letzte Kuhmilch 6 Tage vor der Tötung

verfüttert war, also das dem Blut fremde Kasein sicher längst aus demselben ausgestoßen sein mußte, selbst wenn welches eingedrungen war.

Der Urin der fünf Tierchen vom ersten Fütterungstage wurde mit je fünf Tropfen Laktoserum in der alten Anordnung geprüft. Der Versuch wurde mittags angesetzt. Am Abend zeigte sich in den mit Laktoserum versetzten, aber nicht in den Kontroll-Röhrchen, Trübungen und zwar, je nach der Konzentration des Urins in fallenden Mengen. Die mikroskopische Untersuchung des Zentrifugates ergab wiederum Kristalle, allem Anscheine nach oxalsauren Kalks. Es fanden sich weiter körnige Gebilde, die aber im Färbepräparat wie Diplokokken aussahen.

Der Urin vom 28. VI. zeigte nach Anstellung der Laktoserum-Probe wiederum leichte Trübungen, deren Untersuchung sie mit Wahrscheinlichkeit als Kasein-Niederschläge ansprechen ließ. (Gleichzeitig untersuchter Urin des eben getöteten Laktoserum-Kaninchens zeigte diese Niederschläge nicht.)

Wenn somit in diesem letzten Urin die Anwesenheit geringer Kaseinmengen wahrscheinlich gemacht ist, so müssen wir folgendes überlegen:

Die eine Möglichkeit, die wir annehmen können, ist die, daß das in Spuren gefundene Kasein im Urin selbst enthalten war. Dann müßte es wirklich durch die Nieren aus dem Blute ausgeschieden worden sein, und wir würden in dem Falle die außerordentliche Überladung des Magendarmkanales mit der Kuhmilch (jedes einzelne Tierchen erhielt in der kurzen Zeit 88 ccm, also mehr als sein Anfangsgewicht) für den Durchgang der geringen Mengen des Kaseins verantwortlich machen müssen, es hätten eben — wie dies ja bei den früher zitierten Versuchen mit erwachsenen Tierchen von Ascoli, Uhlenhuth, Michaelis und Oppenheimer auch der Fall war — die Verdauungssäfte für den Augenblick nicht in genügender Menge für die in überreichlichen Portionen eingebrachten Kaseinmassen abgesondert werden können. Die zweite Möglichkeit, an die ich eigentlich mehr noch denke als

an die erste, ist die, dafs die niedergeschlagenen Kaseinteilchen
gar nicht aus dem Urin selbst stammen, sondern aus den
Fäces, die trotz aller angewendeten Vorsichtsmafsregeln doch
nicht von der Berührung mit Urin ferngehalten werden konnten.
Bei der Beurteilung dieser Frage müssen wir aber der Befunde
von P. Th. Müller, Michaelis und Oppenheimer und
F. Hamburger gedenken, dafs nämlich die Eiweifskörper, wenn
sie von Pepsin-Salzsäure, in geringerem Grade, wenn sie von
Trypsin[1]) verdaut werden, soweit verändert werden, dafs sie durch
das entsprechende Immunserum nicht mehr gefällt werden können.
Ein solches Verdauungsgemisch ruft auch, subkutan injiziert,
nicht mehr die Bildung von Antikörpern hervor.

Es ist nun allerdings die Frage, ob solche Reagenzglas-
versuche sich ohne weiteres auf den tierischen Magendarmkanal
übertragen lassen. Ich mufs schon die Meinung aussprechen,
dafs bei der Fütterung mit so aufserordentlichen Mengen einer
nicht adäquaten Nahrung im Darmkanal sich auch nicht gewöhnliche Vorgänge abspielen, und dafs da manche Bestandteile
der eingebrachten Nahrung eben doch den Verdauungssäften entgehen können. Dafs die Kuhmilch in der Tat bei den fünf
Jungen nicht »die richtige, (d. h. adäquate, gut ausbeutbare)
Nahrung« war, geht am besten aus ihrer Gewichtskurve hervor,
die erst wesentliche Zunahme zeigte, als die Mutterbrust wieder
in ihre Rechte getreten war — eine Erfahrung, die wir in der
Kinderheilkunde jeden Tag machen.

Also, ohne hier mich durch eine endgültige Entscheidung zu
binden, möchte ich doch eher annehmen, dafs das Kasein in

---

1) Für die Milch ist dies (beim Trypsin) speziell von Müller und
Hamburger nachgewiesen. Allein Obermeyer und Pick haben bei
der Verdauung von Eiereiweifs merkwürdige Beobachtungen gemacht, die
den oben allgemein ausgesprochenen Satz bedeutend einschränken. Läfst
man nämlich Pepsinsalzsäure kurze Zeit auf Eiereiweifs einwirken, so gibt
das Produkt der Verdauung mit dem zugehörigen Immunserum keine Reaktion mehr, trotzdem sich noch unveränderte Eiweifskörper chemisch nachweisen lassen. Dagegen findet man nach Trypsinverdauung
noch die Präzipitation durch das Immunserum, auch wenn
Eiweifs chemisch nicht mehr nachzuweisen ist.

diesem Falle der Pepsin-Salzsäure und dem Trypsin, als daſs es
dem im Magen befindlichen Labenzym entgangen ist. Hierüber
muſs ich mich noch später des weiteren aussprechen.

Zunächst aber will ich nun noch das Resultat der wichtigsten
Prüfung berichten, ob nämlich durch die langdauernde Kuh-
Kasein-Fütterung ein Kuh-Laktoserum entstanden ist.

Ich machte die Prüfung nebeneinander zweimal, sowohl mit
roher wie mit Gerberscher Milch, indem ich je 3 ccm der ab-
gerahmten Milch in Verdünnungen von 1:10 bis 1:360 mit je
1 ccm des Serums versetzte. Es ergab sich selbst bei mehr-
tägiger Beobachtung nicht der geringste Niederschlag.

Das Serum der so übermäſsig mit Milch gefütterten
Jungen war also kein Laktoserum.

Dies stimmt überein mit den Untersuchungen von Moro
und Hamburger, die weder bei mit Kuhmilch ernährten Tieren
noch beim künstlich ernährten Säugling ein Laktoserum fanden.

Und daſs ein solches sich nicht finden kann, das beruht
eben offenbar auf dem Vorhandensein des Labfermentes
im Magen, das ja eine sofortige Gerinnung des Kaseins
veranlaſst.

Pawlow gibt an, daſs die Beschaffenheit sämtlicher Ver-
dauungssekrete von der Art der eingeführten Nahrung abhängig
ist. Die für die Verdauung der natürlichen Nahrung notwendigen
Fermente sind bereits beim neugebornen Kinde vorhanden
und die Ausscheidung der spezifischen Fermente ändert sich mit
der Änderung der Nahrung.

Diese Angaben sind es wohl in der Hauptsache, die von
Behring vorschwebten, wenn er sagt:

»Ich habe genügende experimentelle Anhaltspunkte für die
Annahme, daſs Kasein verdauende Fermente überhaupt erst unter
der Reizwirkung des Kaseinimports entstehen, genau so wie
Antikörper gegen andere Proteingifte bei systematisch ge-
steigerter Giftzufuhr im lebenden menschlichen und tierischen
Körper produziert werden, derart, daſs was ursprünglich ein Gift
war, hinterher zum Nahrungsmittel werden kann; und ich bin
der Meinung, daſs ich damit nicht bloſs im Gleichnis rede, sondern

daſs wir es bei der Entstehung von Stoffen, die das Kasein unschädlich machen, mit einer Antikörperproduktion zu tun haben,
die im Prinzip genau nach den Regeln abläuft, wie die Antikörperproduktion nach der Aufnahme von Diphtheriegift und
Tetanusgift in das Blut von Versuchstieren.«

Diesem Gedankengang folgend, nimmt von Behring an,
daſs der fermentative Antikörper »für das Kasein in seiner Eigenschaft als ursprüngliches Toxoprotein — dem Menschen verloren
gehen kann, wenn er gänzlich aufhört, Milchnahrung zu sich zu
nehmen« und er schlieſst weiter, daſs übermäſsige Kaseineinver-
leibung bei einem neugebornen Kinde, »das noch nicht vorher
durch kleinere Kaseindosen gewissermaſsen immunisiert worden
ist, ebensogut eine akut verlaufende und zum Tode führende Ver-
giftung auslösen kann, wie eine zu groſse Diphtheriegiftdosis zu
Beginn der immunisierenden Vorbehandlung«.

Nun glaube ich doch, daſs es der Mühe wert ist, dieser Ansicht in einigen Einzelheiten zu folgen und zu sehen, wie weit
ihre Voraussetzungen zutreffen.

Pawlow sagt, wie wir gesehen haben, die für die Verdauung
der natürlichen Nahrung notwendigen Fermente seien bereits
beim neugeborenen Kinde vorhanden. Dies ist aber
nicht der Fall bei den Antikörpern der bakteriellen Gifte, soweit sie nicht vererbt sind[1]). Sollten wir uns nun vorstellen, daſs das Labenzym in derselben Weise vererbt werden
kann wie das Diphtherie-Antitoxin? Und wenn wir wirklich uns
mit dieser Vorstellung abfinden könnten, wüſsten wir dann eine
Erklärung dafür, daſs ein solcher vererbter Stoff nicht im Blutserum sich findet, sondern nur von der Magenschleimhaut ab-
geschieden wird, wenn Milch in den Magen gelangt?

Und nun muſs ich des weiteren darauf hinweisen, daſs das
Labenzym ja dasselbe ist für die Milch der Mutter wie für die
nicht adäquate Milch, in unseren Fällen also die Kuhmilch.

Die Muttermilch ist aber für den Säugling die
ideale Nahrung, das ist der oberste Lehrsatz in der

---

1) Hierüber verweise ich auf die später folgenden Versuche mit dem
Diphterie-Antitoxin.

Kinderheilkunde, und für die ideale Nahrung kann
gewifs kein Gegengift notwendig sein.

Man hat sich deshalb auch eingehend in der Kinderheilkunde mit dem Labenzym beschäftigt. Über die chemischen
Prozesse, welche dasselbe hervorruft, herrscht jetzt völlige Klar-
heit, vor allem dank der Arbeiten von Hammarsten, Söldner,
Escherich, Courant und Arthus und Pages.

Hammarsten wies nach, dafs seine Wirkung darin besteht, dafs bei seiner Gegenwart Kasein so verändert wird, dafs
es bei Anwesenheit von Kalksalzen gerinnt, wobei das Parakasein
und das Molkeneiweifs entstehen.

Auch dieser Prozefs, glaube ich, ist ein anders verlaufender,
wie die Bindung von Toxin und Antitoxin[1]). Allein auf dies
ungemein komplizierte Thema kann ich hier nicht weiter eingehen.

So gut wir aber auch über die chemischen Prozesse unter-
richtet sind, die das Labenzym hervorruft, so macht sich, wie
Czerny und Keller aussprechen, der Mangel an Untersuchungen
um so fühlbarer, welche die Bedeutung der Kaseifikation für die
Verwertung des Kaseins und der Kalksalze im Organismus auf-
klären.

Michaelis hat die Ansicht ausgesprochen, dafs die koa-
gulierende Einwirkung des Labes die vorzeitige Resorption des
Kaseins verhindere und auch Neumeister legt in seinem Lehrbuch die physiologische Bedeutung der Labgerinnung dahin fest,
dafs sie »offenbar den Organismus vor einem Eindringen
unveränderten Kaseins unter allen Umständen schützen
will«[2]), ohne dafs die auswählende Funktion der Darmepithelien
in Anspruch genommen zu werden braucht.

---

1) Oppenheimer meint in seinem Ferment-Werk, die Ferment-
wirkungen auf dem Weg erklären zu können, den Ehrlich für die Toxine
mit so grofsem Erfolg gegangen ist, sei »nur als tastender Versuch, als Be-
friedigung des Kausalitäts- und Analogiebedürfnisses des Verstandes ....
bisher wenigstens, aufzufassen.«

2) Dafs diese Ansicht doch nicht allgemein in Fleisch und Blut übergegangen ist, ersehe ich aus einer Veröffentlichung von Schlofsmann aus
der letzten Zeit. Dieser Autor glaubt — ohne dafür allerdings in seinen

Albrecht meint, indem er sich auf die Untersuchungen von Michaelis bezieht, für das Kasein sei, wenn M's. Annahme zu Recht bestehe, auch das Neugeborene durch das Labferment seines Magens bereits genügend »eingestellt«.

Indem ich mich nach meinen Versuchen vollkommen dieser Anschauung anschliefse, begründe ich damit, weshalb ich bei der Beurteilung des letzten Experiments den geringen, einmal nachgewiesenen Kaseingehalt des Urins auf die verunreinigenden Fäces zurückzuführen geneigt bin.

Einen Punkt mufs ich noch erörtern: Es könnte der Einwurf gemacht werden, der Titre unseres Laktoserums sei nicht genügend grofs gewesen. Damit hätte wohl der Nachweis gröfserer Kaseinmengen glücken können, nicht aber der kleinerer. Diesem Vorwurf möchte ich einerseits begegnen mit dem Hinweis auf die folgenden Versuche mit Hühnereiweifs, wozu ich ein Antiserum mit dem Titre 1:30000 mir herstellen konnte. Anderseits möchte ich hier die Untersuchungen von Obermeyer sowie Hamburger und Sperck anziehen, die beweisen, dafs kleine Eiweifsmengen wiederholt ins Blut gespritzt (so klein, dafs sie dem Präzipitin-Nachweis entgehen), schon starke Antisera erzeugen. Bei unserem prolongierten Fütterungsversuch mit Kasein müfste darnach auf jeden Fall ein Laktoserum erzeugt worden sein, wenn eben nicht das Labenzym jegliches Kasein niedergeschlagen hätte.

Hier will ich noch einige Versuche einschalten, die ich mit menschlichen Körperflüssigkeiten vorgenommen habe.

Auf dem Hamburger Naturforscher- und Ärzte-Kongrefs des Jahres 1901 sagte Schlofsmann in der Diskussion zum Vortrage Moros: »Biologische Beziehungen zwischen Milch und Serum«, die Bordetsche Fällung gelinge am besten und vollkommensten, wenn man zum Serum des kindlichen Blutes Milch

---

Krankengeschichten einen Beweis beibringen zu können (der doch experimentell leicht möglich wäre) — dafs beim Abstillen usw. (also am Ende der Säuglingsperiode noch) durch Eindringen von fremder Milch ins Blut Vergiftungserscheinungen entstehen können.

der eigenen Mutter hinzusetze. ›Hier zeigt sich deutlich das enge Band, das zwischen den Bluteigenschaften von Mutter und Kind besteht. Bei meinen Demonstrationen über diesen Gegenstand benutzte ich stets, um eine recht klare Fällung zu bekommen, Hydrocelenflüssigkeit eines Brustkindes, die ich mir durch Punktion verschaffe, und der Milch [soll wohl heiſsen: die Milch] der Mutter dieses Kindes. Ich kann dieses Verfahren allgemein empfehlen.‹

Diese Äuſserung kann wohl nicht anders aufgefaſst werden, als daſs S c h l o ſs m a n n annahm, im Blutserum (Hydrocelenflüssigkeit) des Säuglings sei — jedenfalls durch den Säugungsakt — ein Präzipitin gegen die Milch der eigenen Mutter gebildet, eine Anschauung, die allen im vorhergehenden geschilderten Versuchen widerspricht. Zur Prüfung dieser Behauptung nahm ich die folgenden Versuche vor:

I. 21. VI. 1904. Kind F l e i n e r (Poliklinik des v. Haunerschen Kinderspitals), 14 Tage alt, n i e v o n d e r M u t t e r g e s ä u g t w e g e n f r ü h e r e r M a s t i t i s, k ü n s t l i c h e r n ä h r t, mit rechtsseitiger Hydrocele. Die Punktion der Hydrocele ergab viel klare, bernsteingelbe Flüssigkeit. Es gelang, der Mutter noch eine geringe Menge sehr fettreicher gelblicher Milch aus der Brust auszupressen. Die Milch wurde verdünnt (1 : 30,—1 : 120,—1 : 360) und wie bei den früheren Versuchen das Laktoserum, so wurde hier Hydrocelenflüssigkeit (1 ccm) zu den Milchverdünnungen (3 ccm) zugesetzt. 1 Stunde nach Anstellung des Versuchs war noch keine Veränderung zu sehen, später traten bei den Verdünnungen 1 : 30 und 1 : 120 eigenartige Erscheinungen auf. Sie bestanden darin, daſs sich in dem Röhrchen, es nach und nach ganz durchsetzend, eine Art Gerinnsel bildete, das mit der Platinöse herausgefischt werden konnte und annähernd die Konsistenz des Glaskörpers hatte. In dem gerinnselbefreiten Zentrifugat der Röhrchen fand sich mikroskopisch nicht die Spur von Kasein-Niederschlag.

II. 22. VI. 1904. In der Poliklinik des von H a u n e r schen Kinderspitals punktierte ich dem 12 Wochen alten Kind R o s e n b e r g e r, d a s n o c h t ä g l i c h 5—6 m a l a n d e r M u t t e r t r a n k, dazu etwas Beinahrung erhielt, die linksseitige Hydrocele testis et funiculi spermatici. Der Mutter wurde reichlich etwas wässerig aussehende Milch abgedrückt. Versuchsanordnung mit zentrifugierten Milchverdünnungen und Hydrocelenflüssigkeit wie bei I.

Sämtliche Verdünnungen (bis 1 : 360) ergaben die gleiche Gerinnselbildung wie sie in Versuch I wahrgenommen wurde. In den Kontrollversuchen mit physiol. Kochsalzlösung fehlte dieselbe.

III. 27. VI. 1904. Dem Kinde Fleiner (Vers. I) wurde nochmals Hydrocelenflüssigkeit entnommen und dieselbe wurde in der gleichen Versuchsanordnung wie früher, aber nur bei Milchverdünnungen 1 : 10 zusammengebracht

1. mit der Milch der eigenen Mutter, die das Kind nicht gesäugt hatte,
2. mit der Milch einer anderen säugenden Frau (Leppmeier),
3. mit Kuhmilch.

In den beiden ersten Milchen trat sehr schnell starke Gerinnung ein, in der Kuhmilch zeigte sich die Gerinnung erst am folgenden Tag. Die Gerinnsel glichen bei diesen drei Milchen genau den oben beschriebenen.

IV. 30. VI. 1904. Mit Hydrocelenflüssigkeit des Brustkindes Kerbel der gleiche Versuch mit Milch der eigenen und mit Milch einer fremden säugenden Mutter.

Resultat: genau dasselbe (Eintritt mäfsiger Gerinnung sofort, über Nacht völlige Gerinnung).

Es konnte nach diesen Versuchen kein Zweifel sein, dafs diese Gerinnungserscheinung nichts Spezifisches im Sinne der Laktoserumreaktion sei. Kaseinniederschläge wurden nie im Sediment gefunden, die Gerinnsel hatten völlig den Charakter der Fibringerinnsel, und bei der Betrachtung derselben (die ein dichtes Fadennetz darstellten) durch das Mikroskop konnte man beim ersten Blick mit Sicherheit ausschliefsen, dafs der Prozefs mit dem Kasein der Milch irgend etwas zu tun habe.

In der Tat fand ich nach Abschlufs dieser Versuche in einer Arbeit von Moro diese Meinung völlig bestätigt. Arbeiten von Hamburger und Moro und von Bernheim-Karrer haben sich eingehend mit dem Fibrinferment der Milch befafst.

Versuche mit Hühnereier-Eiweifs.

Die nachfolgenden Versuche mit der Verfütterung von Hühner-Eier-Eiweifs schliefsen sich den vorausgehenden ungezwungen an; ich möchte aber ausdrücklich betonen, dafs ich erst durch das Erscheinen der Ganghofner-Langerschen Arbeit zu ihnen angeregt worden bin.

Diese beiden Autoren haben an neugebornen Hunden, Katzen, Kaninchen und Zickeln und auch am menschlichen Säugling Verfütterungsversuche mit Rinderserum und Eiereiweifs vorgenommen und hierbei gefunden, dafs die genannten körperfremden

Eiweifsarten zum Teil unverändert resorbiert wurden. Diese Eigentümlichkeit liefs sich bei ihren Versuchstieren bis an das Ende der ersten Lebenswoche nachweisen und wurde vom 8. Tage an konstant vermifst.   Auch beim menschlichen Säugling konnten Ganghofner und Langer ein ähnliches Verhalten feststellen. Der Magendarmkanal älterer Tiere liefs artfremdes Eiweifs bei stomachaler Einverleibung unter normalen Verhältnissen nicht durch.   Jedoch bei übermäfsiger Eiweifszufuhr oder anatomischer bzw. funktioneller Schädigung des Magendarmepithels konnte auch bei älteren Tieren ein Übertritt von unverändertem Eiweifs in die Blutbahn konstatiert werden. In einem Fall (beim neugebornen Zickel) führte die Resorption des unveränderten Eiweifses zur Bildung von Antikörpern.

Aufser dieser Veröffentlichung liegt bis jetzt nur eine weitere vor, die sich mit derartigen Versuchen bei Neugeborenen beschäftigt, nämlich eine Arbeit von Hamburger und Sperk, die zu völlig entgegengesetzten Resultaten kommt. Den beiden Wiener Autoren gelang es weder bei Erwachsenen einen Übergang des verfütterten Eiweifses ins Blut nachzuweisen, noch auch bei Neugebornen (2 dreitägige Kälber, 4 menschliche Säuglinge im Alter von 5 Tagen bis 13 Wochen). Bei einem einzigen ihrer Versuche (Kalb II) bezeichnen sie das Resultat als unsicher, insofern als das Blut des mit Pferdeserum gefütterten Tieres schon vor der Nahrungsaufnahme eine reichliche Fällung auf Anti-Pferdeserum gab.   Quantitative Unterschiede der Serumproben vor und nach der Nahrungsaufnahme konnten aber nicht nachgewiesen werden.

Es gelang mir durch Injektion von Eierklar, ein sehr gut wirkendes Anti-Hühnereiweifs-Serum herzustellen. Ich verfuhr ganz nach den Angaben von Uhlenhuth. Das sauber gereinigte Ei wurde vorsichtig aufgeschlagen und das Weifse in ein steriles Becherglas eingebracht, in welchem es zusammen mit physiologischer Kochsalzlösung eine Weile mit einem sterilen Glasstabe geschlagen wurde. Jedesmal wurde das Weifse von 2 Hühnereiern einem Kaninchen in die Bauchhöhle eingespritzt, bei einem Gesamtvolum bis zu 100 ccm.   Schon in der fünften Woche betrug der Titre des Blutserums der beiden so vorbehandelten Kaninchen (μ und ν) 1 : 30 000.

Die folgenden Versuche wurden (mit Ausnahme von Nr. I, bei dem ein Antiserum mit dem Titre 1 : 1000 verwendet ist) mit einem so hochwertigen Serum vorgenommen, das am Anfang der 6. Woche den Tieren entzogen wurde.[1]

I. 9. XII. 1904. Meerschweinchen Dd III, 60 g schwer, etwas über 24 Stunden alt, bekommt 3 ccm Hühnereiweiß mittels Ballpipette per os. Getötet $3^{1}/_{2}$ Stunden nach der letzten Fütterung.

Die Prüfung auf den Übergang des Eiweißes wurde ganz analog den Kasein-Versuchen vorgenommen.

Resultat: Keine Spur von Eiweißübergang.

II. 10. XII. 1904. Meerschweinchen Dd V, 50 g schwer, 2 Tage alt, bekommt 3,5 ccm Hühnereiweiß. Getötet $3^{1}/_{2}$ Stunden nach der letzten Fütterung.

Resultat: völlig negativ.

III. 19. XII. 1904. Meerschweinchen Ll I, 65 g schwer, $1^{1}/_{2}$ Tage alt, bekommt am 19. und 20. XII. zusammen 10 ccm Eiweiß.[2] Entblutet $^{1}/_{2}$ Tag nach der letzten Fütterung.

Resultat: völlig negativ.

IV. V. 19. XII. 1904. Meerschweinchen Ll II und Ll III, 60 und 70 g schwer, vom selben Wurf wie das vorige, genau ebenso behandelt. Bei beiden ist das Resultat: völlig negativ.

VI. 19. XII. 1904. Meerschweinchen Kk I. 80 g schwer, 5 Tage alt, genau (und gleichzeitig) behandelt wie die vorigen drei Tiere.

Resultat: völlig negativ.

VII. 22. XII. 1904. Meerschweinchen Nn I, 75 g schwer, 24 Stunden alt, bekommt am 22. und 23. XII. insgesamt 10 ccm Hühnereiweiß per os. Getötet $5^{1}/_{2}$ Stunden nach der letzten Fütterung.

Resultat: völlig negativ.

---

1) Das eine vorbehandelte Kaninchen nahm von der 4. Woche an rasch an Gewicht ab. In der 7. Woche vermochte es nicht mehr zu schlucken, trotzdem es zu fressen versuchte. Es wurde getötet und dabei fand sich der Magen von wässeriger Flüssigkeit erfüllt, ohne Futter, die Schleimhaut desselben samtartig, teilweise gerötet, der Pylorus stark kontrahiert. Im Ösophagus kein Tumor. Starke Perisplenitis und schwächere Perihepatitis. Sonst außer einigen parasitären Herden in der Leber nichts Pathologisches. Ich erwähne diesen Befund hier eingehender wegen seiner klinischen Übereinstimmung mit manchen Ösophagus-Carcinomen beim Menschen, und kann hinzufügen, daß unter dieser Erscheinung des Nichtmehrfressenkönnens öfters Kaninchen sterben, die zur Herstellung von Immunseris verwendet werden.

2) Wenn der Einfachheit halber in diesem Kapitel öfter Eiweiß gesagt wird, so ist natürlich Hühnerei-Eiweiß darunter zu verstehen.

VIII. 22. XII. 1904. Meerschweinchen Nn II, 65 g schwer, 24 Stunden alt, genau so behandelt wie das vorige.

Resultat; völlig negativ.

IX. 22. XII. 1904. Meerschweinchen Nn III, 55 g schwer, vom gleichen Wurf wie die zwei vorigen, gleichzeitig und ebenso behandelt.

Das Resultat in diesem Falle war ein schwach positives[1]): Sowohl das unverdünnte Serum wie mit physiologischer Kochsalzlösung angelegte Verdünnungen ergaben mit dem Antiserum Niederschläge, die am zweiten Tag noch etwas umfangreicher waren wie am ersten Tag. Um eine — natürlich nur ganz approximative — Bestimmung der ausgefällten Präzipitatsmenge geben zu können, möchte ich bemerken, dafs ich mir bei der Titration des Anti-Hühnereiweifsserums eine Skala aufgezeichnet hatte.

Damals war 1 ccm der Hühnereiweifs-Verdünnungen (von 1 : 100 bis 1 : 30 000) mit je 5 Tropfen des Antiserums versetzt worden. Die Reaktionen wurden in annähernd gleich grofsen spitz zulaufenden Zentrifugiergläschen vorgenommen, und am Ende des Versuchs wurden die in den Spitzen befindlichen Präzipitatsmengen abgezeichnet, die entsprechend der Konzentration der benutzten Eiweifslösung kontinuierlich abfielen. So ergab sich jetzt ein ungefährer Mafsstab für die aus dem Serum der gefütterten Tiere niedergeschlagene Eiweifsmenge.

Die bei Benutzung von 0,35 ccm des unverdünnten Serums vom Jungen Nn III durch 5 Tropfen Antiserum erhaltene Präzipitatsmenge entsprach ungefähr derjenigen, welche sich bei obiger Versuchsanordnung bei einer Eiweifsverdünnung 1 : 4000 bis 1 : 6000 gebildet hatte — nehmen wir also rund 1 : 5000. Es würde dann aus 1 ccm des Serums vom Jungen Nn III ungefähr so viel niedergeschlagen worden sein wie aus einer Eiweifslösung 1 : 1700; mit andern Worten 1 ccm dieses Serum hätte etwa $^1/_{1700}$ ccm Hühnereiweifs enthalten. Das ganze Tier — 55 g schwer — hat rund 2,1 ccm Blutserum, demnach würden in dem gesamten Blut des mit 10 ccm Eiweifs gefütterten Tieres rund etwa $^1/_{800}$ ccm

_____

[1]) Das Aussehen des flockigen Niederschlages war auch mikroskopisch ein charakteristisches.

davon nachweisbar gewesen sein, was also dem 8000. Teil des Verfütterten entspräche.

X. 22. XII. 1904. Meerschweinchen Nn IV, 57 g schwer, vom gleichen Wurf wie das vorige, in gleicher Weise behandelt.

Das Resultat der Blutuntersuchung war wiederum ein schwach positives. Am ersten Tag geringer, am zweiten etwas deutlicherer Ausfall eines charakteristischen Präzipitates.

Nach der Menge desselben und der eben erläuterten Art der Berechnung würde etwa $^1/_{10\,000}$ des verfütterten Eiweifses ins Blut übergegangen sein.

XI. 22. XII. 1904 Meerschweinchen Nn V, 62 g schwer, vom gleichen Wurf wie die vorigen, in gleicher Weise behandelt:

Auch hier war das Resultat ein schwach positives. Am zweiten Tag erschien ein leichter Präzipitat-Niederschlag, der höchstens dem Übergang des 10 000. Teiles der verfütterten Eiweifsmenge ins gesamte Blut entsprach.[1]

XII. Nun habe ich wie bei den Verfütterungen der bereits abgehandelten genuinen Eiweifse auch beim Eiereiweifs einen prolongierten Versuch mit grofsen Mengen vorgenommen.

10. XII. 1904. Meerschweinchen Dd IV, 55 g schwer, 2 Tage alt, erhält vom 10. bis inkl. 17. XII. insgesamt 55 ccm Eiereiweifs, also eine Menge, die seinem anfänglichen Körpergewicht entspricht, per os mit Ballpipette verfüttert. Es nimmt dabei rapid an Gewicht zu[2]), hat am 15. XII. schon 75 g, am 18. XII. 85 g, am 20. XII. 100 g und am 22. XII. 112 g. An diesem Tage wird es durch Halsschnitt entblutet.

Die auf Vorhandensein von Eiweifs im Blute vorgenommene Präzipitinreaktion ergab negativen Befund, es war ja 5 Tage nach der letzten Verfütterung auf keinen Fall mehr Anwesenheit von Eiereiweifs im Blute zu erwarten, dagegen hätte etwa aufgenommenes Eiweifs Zeit genug gehabt, um ein Antiserum zu bilden; ich darf hier auf das bei dem Kasein-Versuch Gesagte hinweisen.

---

1) Im Urin dieser drei Tiere Nn III—V (es standen mir allerdings nur wenige Tropfen zur Verfügung) konnte ich Eiereiweifs mittels der Präzipitin-Reaktion nicht nachweisen.

2) Schon dieser klinische Befund legte es nahe, ein negatives Resultat des Versuches zu erwarten. Wir wissen, dafs die Aufnahme von unverändertem Eiweifs ins Blut meist zu Erkrankung, immer zu Abmagerung, oft zum Tode führt (siehe Ganghofner und Langer) und aus diesem Grunde schon konnte die stetige Gewichtszunahme während der Dauer des ganzen Experimentes auf ein völlig normales Verhalten des Magendarmkanales in jeglicher Beziehung schliefsen lassen.

Der Versuch wurde so vorgenommen, dafs zu Eiereiweifs-
lösungen von 1 : 10 an aufwärts bis 1 : 1000 das Serum des Jungen
Dd IV zu gleichen Teilen zugesetzt wurde (je 3 Tropfen[1]). Das
Ergebnis war ein völlig negatives — das Serum enthielt keinen Hühnereiweifs-Antikörper.

Unsere Versuche haben also ergeben, dafs in der gröfseren
Mehrzahl der Fälle beim neugeborenen Meerschweinchen verfüttertes
Eiereiweifs die Magendarmwand nicht unverändert passiert. Nur
in dreien von zwölf Fällen liefsen sich ganz geringe Mengen ins
Blut übergetretenen Eierklars nachweisen. Wie gerade diese
Ausnahmen zu erklären sind, weifs ich nicht. Ich möchte aber
darauf aufmerksam machen, dafs diese 3 Tierchen alle von einem
Wurfe stammten. Man könnte also an eine gewisse hereditäre
Schwäche ihres Intestinaltraktes denken, und die Tatsache, dafs
es gerade die leichtesten Tiere des Wurfes waren, läfst wirklich
diesen Gedanken (der, wie ich wohl weifs, eine Umschreibung,
noch keine Erklärung bedeutet) einigermafsen plausibel erscheinen.
Die Mengen, welche die Tierchen verfüttert bekamen, waren aufserordentliche, innerhalb $26^1/_2$ Stunden 10 ccm, also ungefähr der
sechste Teil ihres Körpergewichtes, so dafs man mit gröfserer
Wahrscheinlichkeit annehmen kann, dafs hier eben eingetreten ist,
was Uhlenhuth, Ascoli und die anderen auch bei ihren erwachsenen Tieren erlebt haben, dafs nämlich die plötzliche
Überschwemmung des Magendarmkanales mit den fremden
Eiweifsstoffen es für den Augenblick nicht zu entsprechend grofser
Verdauungssaft-Absonderung kommen liefs, und so noch Spuren
unveränderten Eiweifses ins Blut abgeführt werden konnten.

Es mufs wirklich wundernehmen, dafs nicht auch bei den
übrigen mit so grofsen Eiereiweifsmengen gefütterten Tieren ein
Übertritt im Blut erfolgt ist, speziell dafs sich bei dem zuletzt
berichteten Versuch kein Antiserum gebildet hat, zumal wenn
wir uns an die schon oben erwähnten Versuche von Hamburger und Sperk erinnern, die nach Injektion von geringen,

---

1) Auch hier wurden, wie stets, ganz entsprechende Kontrollversuche
mit Immunserum gleichzeitig vorgenommen.

biologisch im Blut gar nicht nachweisbaren, Eiklarmengen ein ausgezeichnetes Antiserum gewannen.

Über die Divergenz der Ganghofner-Langerschen Resultate einer-, der Hamburger-Sperkschen und der unsrigen anderseits wird an späterer Stelle zu sprechen sein, hier gehe ich auf dieselben nur ein, soweit sich Differenzen in den Versuchen am menschlichen Säugling ergeben haben.

Den vier negativen Versuchen von Hamburger-Sperk stehen zwei positive von Ganghofner-Langer gegenüber. Von diesen zwei Versuchen ist der eine, wobei reichlicher Übergang von Eiweiß ins Blut vermerkt wurde, an einem offenbar nicht lebensfähigen Kinde vorgenommen (1 Tag altes Kind, Zwillingsfrucht, Gewicht 2100 g, Enkephalokele, erhielt am 31. V. und 1. VI. bis abends 8 Uhr Hühnereißweilösungen, starb am gleichen Abend 10$\frac{1}{2}$ Uhr. Blut 10 Stunden nach dem Tode entnommen). Die eben zitierten Data gestatten mir wohl ohne detailliertes Eingehen auf diesen Fall, auszusprechen, daß er für die Frage des Eiweiß-Überganges bei normalen Kindern nicht verwertbar ist.

Der zweite Fall war ein 3 Wochen altes Kind, das wegen Lymphangioma colli operiert wurde. Auch hier fand sich Übergang des per os gegebenen Eiweißes ins Blut. Zu dieser Beobachtung möchte ich bemerken, daß über den Zustand des Magendarmkanales nichts angegeben ist, und daß der positive Ausfall bei einem gesunden 3 Wochen alten Kinde ja für den menschlichen Säugling eine Durchlässigkeit des Intestinaltraktes beweisen würde, die weit über das von Behring Behauptete hinausginge und eine zeitlich bedeutend länger dauernde wäre als bei allen geprüften Tierarten. Aus diesem Grunde, glaube ich, kann der eine positive Fall dem anderen negativen gegenüber nicht allzu schwer ins Gewicht fallen.

Versuche mit Antitoxinen.

Wie bereits erwähnt, waren es Experimente seines Mitarbeiters Römer gewesen, welche Behring zur Angabe führten, daß genuine Eiweißkörper die Intestinalschleimhaut neugeborener Tiere

ebenso unverändert durchdringen, als ob sie direkt in die Blutbahn hineingebracht würden.

Römer ging aus von einem durch Ransom mitgeteilten Fall,
wo ein lange mit Tetanus-Antitoxin vorbehandeltes Pferd ein Fohlen
warf, welches bei der Geburt $2\frac{1}{2}$ A. E. pro 1 ccm Blutserum auf-
wies. Die Milch des Mutterpferdes enthielt gleichfalls Antitoxin. Im
weiteren Verlaufe der Beobachtung sank dann der Antitoxingehalt
im Blutserum und in der Milch der Mutter ebenso, wie im Blutserum
des Fohlens. Römer meinte nun mit Behring, daſs nur »unter
Umständen« durch Vermittelung der Plazentargefäſse Antitoxin auf
den Fötus übergehen könne[1]) und glaubte diese Ausnahme so erklären zu können, daſs im Ransomschen Falle unter dem Einfluſs
der Tetanusgift-Wirkung Hämorrhagien in der Plazenta entstanden seien, die vorübergehend eine Kommunikation von mütter-
lichem und fötalem Blut hergestellt hatten. Aus diesem Grunde
vermied Römer bei seinem Pferd mit Eintritt der Gravidität jede
Giftbehandlung.

Er immunisierte eine Stute während der Schwangerschaft
gegen Diphtherie und fand das Fohlenblut am Tage der Geburt
ohne Antitoxin; nachdem das Junge von der Stute 4 Tage gesäugt
worden war, enthielt sein Blutserum pro 1 ccm bereits $\frac{1}{10}$ A. E.
Der Antitoxingehalt stieg rapid weiter an, bis am 12. Tage nach der
Geburt ein Höhepunkt mit 5 A. E. pro ccm Blutserum erreicht war.

Ein ähnliches Resultat wurde mit einem trächtigen Kaninchen
erzielt, welches mit Tetanus-Antitoxin behandelt worden war.
Es warf fünf Junge. Zwei von ihnen wurden sofort entblutet
— ihr Serum war frei von Antitoxin. Das eines dritten Jungen
enthielt schon am 4. Tage $\frac{1}{3000}$ A. E.

---

1) Ich gehe auf diese Versuche, die nicht strikt zum Thema »Durchgängigkeit des Magendarmkanales« gehören, zum Teil darum ein, weil auch
ich einige einschlägige Experimente vorgenommen habe, in der Hauptsache
aber deswegen, weil aus den inzwischen fortgesetzten Versuchen Römers,
den Arbeiten von Polano usw. sich eine Regel über die Durchgängigkeit
der Placentarwand ableiten lieſs, welche grundsätzliche Differenzen bei
den verschiedenen Tierspezies feststellte. Dieser Regel wird eine zweite an
die Seite zu setzen sein, welche bezüglich der Durchlässigkeit des Magendarmkanales bei den verschiedenen Arten sich aus meinen Versuchen
ergeben hat.

Aus der weiteren Schilderung des Fohlenversuches geht hervor, dafs vom Anfang der dritten Woche an eine Verminderung des Antitoxingehaltes im Fohlenblute eintrat. Diese Abnahme könnte nach Römer aus dem — ebenfalls nachgewiesenen — Rückgang des Antitoxingehaltes der Muttermilch allein erklärt werden, zumal wenn die Gewichtszunahme des Tieres in Betracht gezogen wird. Jedoch das auffallende Sinken des Antitoxingehaltes liefs doch daran denken, ob nicht im Darmkanal des Fohlens sich Veränderungen eingestellt hätten, die eine weitere Aufnahme des Antitoxins in das Blut verhinderten.

An dieser Stelle erwähnt Römer die gescheiterten Versuche, die menschliche Diphtherie durch intestinale Verabreichung von Heilserum zu bekämpfen als Beweis, dafs bei älteren Individuen eine Resorption von Antitoxin im Intestinaltrakt nicht stattfindet. Er stellte nun selber vier einschlägige Experimente an.

Ein Pferd wurde mit Diphtherie-Antitoxin gefüttert, indem es in fünf hintereinanderfolgenden Tagen zusammen 42500 A. E. erhielt, — sein Blut blieb antitoxinfrei. Das gleiche Resultat wurde erzielt an einem Schaf, welches an 9 Tagen je 1300 A. E. erhielt. Auch bei dem oben erwähnten Fohlen trat, trotzdem es zu Anfang seiner vierten Lebenswoche an vier Tagen je 2,5—5 g Diphtherie-Heilserum Nr. IV. erhielt, in dieser Zeit eine weitere Abnahme des Antitoxingehaltes des Blutserums ein. Schliefslich zeigte noch ein Kaninchen, welches mit 20 ccm antitoxischer Pferdemilch (ca. vierfach normal) gefüttert wurde, nicht die geringste Antitoxin-Resorption. Drei Versuche, die vorgenommen wurden zur Entscheidung der Frage, ob mit einer intestinalen Antitoxin-Denaturierung in nennenswertem Grade zu rechnen sei, reichten zur Entscheidung dieser Frage nach Römers eigener Ansicht nicht aus. Polano hat 1904 in seiner Würzburger Habilitationsschrift die Römerschen Versuche des intrauterinen Übergangs der Antitoxine wieder aufgenommen und zwar am Menschen. Ein erster Versuch mit Diphtherie-Antitoxin mifslang — es war aus unbekannten Gründen nicht einmal im mütterlichen Blute Antitoxin nachweisbar.

Polano ging dann zum Tetanus-Antitoxin über und erhielt da bei seinen zwei ersten Versuchen kaum brauchbare Resultate, in einem dritten Versuch, wo er einer Primigravida 2 Wochen und dann einen Tag vor der Geburt je 100 A. E. v. Behring-schen Heilserums eingespritzt hatte, konnte er aber einwand-frei den Übergang von Antitoxin von der Mutter auf das Kind nachweisen.

So war der Stand der Antitoxinfrage, als ich meine Ver-suche begann.

Es war mir darum zu tun, möglichst geringe Mengen etwa übergehenden Antitoxins im Blut der Jungen nachweisen zu können. Beim Tetanus-Antitoxin war dies mit den bisherigen Methoden gut durchzuführen, für das Diphtherie-Antitoxin jedoch reichten dieselben nicht aus; denn die geringste mit ihrer Hilfe feststellbare Antitoxinmenge waren ungefähr 0,1 Immunisierungs-Einheiten. Ich begrüßte deshalb mit großer Freude die Marxsche Veröffentlichung, die mir die notwendigen Hilfsmittel für so feine Antitoxinbestimmungen in die Hand gab.

Die neue Methode beruht darauf, daß zur Titration der ge-suchten Antitoxinmenge nicht mehr eine vielfach tödliche Toxin-dosis neutralisiert zu werden braucht, sondern daß eine einzige Komponente der Diphtheriegiftwirkung, nämlich die Ver-ursachung eines lokalen Ödems, als Indikator benutzt werden kann.

Da irgend eine Bestätigung der auf den 11. internationalen Kongreß für Hygiene und Demographie zu Brüssel und dann im Centralblatt für Bakteriologie nochmals kurz beschriebenen Marx-schen Befunde bis dahin nicht bekannt geworden war, unternahm ich es zunächst, die Methode nachzuprüfen.

Durch die Liebenswürdigkeit des Herrn Prof. Paltauf stand mir ein flüssiges, im Kaiserl. Königl. Seruminstitut zu Wien genau austitriertes Gift zur Verfügung. Seine Dosis letalis für Meer-schweinchen von 250 g war 0,02, der L + Wert 0,45.

Die Nachprüfung ergab ein mit dem Berichteten überein-stimmendes Resultat.

Eine Anzahl von Versuchen ergab nun, daſs $1/_{10}$ der absolut tödlichen Dosis beim Meerschweinchen von 250 g unter die Haut eingespritzt, nach zweimal 24 Stunden noch ein sehr starkes Ödem[1]) mit vielen Hämorrhagien bewirkte, während beispielsweise $1/_{15}$ tödlicher Dosis nur ›ziemlich‹ starkes Ödem verursachte. Im allgemeinen ergab die Obduktion dieser Ödemtiere keine irgendwie erhebliche Giftwirkung auf innere Organe, da ich aber doch bei einigen Sektionen solche in geringerem Grade konstatieren konnte, sah ich bei sämtlichen Serumbestimmungen davon ab, nach Marx'ens Vorschlag ein Tier an zwei entgegengesetzten Körperstellen mit zwei verschiedenen zu prüfenden Flüssigkeiten zu injizieren und habe stets nur eine einzige subkutane Einspritzung unter die Bauchhaut vorgenommen. Ich muſs auch offen gestehen, daſs ich es mir gar nicht vorstellen kann, daſs die injizierte nicht tödliche Giftdosis, abgesehen von ihrer heftigen lokalen Wirkung, den übrigen Körper unangetastet lassen könnte. Um deshalb nicht vorauszusehenden und unberechenbaren Fehlern zum Opfer zu fallen, wird es sich auch künftig für jeden, der die Marxsche Methodik anwendet, empfehlen, an einem und demselben Tier nur eine Flüssigkeit zu prüfen.

Ich liefs nun auf die Giftmenge, welche das ›sehr starke Ödem‹ verursachte, Verdünnungen eines 200-fachen, ebenfalls von Herrn Prof. Paltauf gütigst zur Verfügung gestellten Diphtherie-Antitoxins in Abstufungen 24 Stunden lang[2]) einwirken und stellte durch Meerschweinchen-Versuche fest, daſs bei $1/_{800}$ J. E. noch ein sehr starkes Ödem unverändert sich zeigte, während bei

$1/_{600}$ J. E. ein ziemlich starkes Ödem,
$1/_{500}$ J. E. mäfsiges Ödem,
$1/_{400}$ J. E. sehr geringes Ödem,
$1/_{300}$ J. E. eben noch nachweisbare Spur von Ödem

---

1) Ich zog es vor, bei meinen Versuchen diese noch sehr starke Ödemansammlung zum Ausgangspunkt der Titration zu nehmen, während Salge eine Giftdosis benutzte, welche ›eben noch ein deutliches Ödem‹ erregte.

2) Wie Marx es vorschlug, 2 Stunden lang im Brutschrank, dann 22 Stunden im Eisschrank.

sich fand, so dafs also $1/_{200}$ J. E. die Menge war, welche die ödem-
machende Wirkung von $1/_{10}$ tödlicher Dosis aufhob, während
$1/_{800}$ J. E. keinen giftwirkungshemmenden Einfluſs mehr ausübte.
Durch ein solches Austitrieren läſst sich also tatsächlich, a u c h
w e n n d e r ›G l a t t w e r t‹ n o c h n i c h t e r r e i c h t i s t, empirisch
ungefähr bestimmen, wie viel Immunisierungseinheiten eine zu
untersuchende Flüssigkeit enthält. Die Methodik ist — wie oft
wiederholte Versuche mir zeigten — eine ungemein genaue und
verlässige, und rein theoretische Einwände, wie sie von S i e g e r t
gegen dieselbe erhoben worden sind, entbehren jeglicher Begründung.

Zur Injektion verwandte ich stets 0,6 ccm Gesamtflüssigkeit;
dies Volum wurde nur ausnahmsweise dann überschritten, wenn
ein Serum in der Menge von 0,4 ccm noch nicht zur Bestimmung genügende antitoxische Wirkung gezeigt hatte. Mehr als 0,8 ccm Gesamtvolum habe ich aber nie eingespritzt.

Zunächst prüfte ich das Blutserum neugeborener und wenige
Tage alter unbehandelter Meerschweinchen verschiedener Würfe
(3 Geschwister ε, 2 Geschwister 𝔚) auf etwaigen angeborenen
Diphtherie-Antitoxingehalt. E s f a n d s i c h r e g e l m ä f s i g d a s
B l u t g a n z f r e i v o n A n t i t o x i n. (Auf die Wiedergabe der
betreffenden Protokolle kann ich deshalb verzichten).

Nun versuchte ich den von R ö m e r geleugneten plazentaren
Übergang des Antitoxins von der Mutter auf das Junge
festzustellen.

21. IV. 1904. Meerschweinchen L, nie behandelt, ca. 600 g Gewicht,
hochschwanger. Die Geburt ist in den nächsten Tagen zu erwarten.

Vormittags 11 Uhr wird ihm vom Höchster Diphtherie-Heilserum VI D
Op. 880 C. Nr. 706 .... 6 ccm subkutan unter die Bauchhaut injiziert (500 fach
= 3000 J. E.).

23. IV. Bis heute (Samstag) Abend ist die Geburt noch nicht eingetreten. Da bereits Schwellung der Vulva vorhanden ist, also wahrscheinlich die Geburt sehr bald erfolgen würde, wird der K a i s e r s c h n i t t vorgenommen, um zu vermeiden, dafs die nachts oder Sonntags geborenen
Jungen an der Alten (die ja sicher antitoxinhaltige Milch hat) saugen
können.

Kaiserschnitt abends 6 Uhr, also 2 Tage und 7 Stunden nach Injektion des Heilserums. Sofortige Entblutung der drei Jungen (L I—III) durch Halsschnitt.

Gleichzeitige Entblutung der Alten.

Für die Bestimmung der im Blute der Alten befindlichen Antitoxinmenge benutzte ich die alte Ehrlich-Kossel-Wassermannsche Gift-Serum-Mischungsmethode (10-fache Menge der tödlichen minimalen Giftdosis + zu untersuchendes Serum in abgestuften Mengen; nach der Mischung erst 2 Stunden Brutschrank, dann 2½ Stunden Eisschrank):

	0,2 ccm Diphtheriegift Paltauf = 10 fach tödl. Dosis vermischt mit	Versuchstier	Verlauf des Versuchs
23. VI. 04.	0,1 ccm Serum Alte L	Meerschw. 10, Gew. 290 g.	24. ganz munter, ohne Ödem.
			25. kein Ödem. Gew. 300 g. Nachm. 310 g.
			27. Gew. 320 g ⎫ Tier blieb völlig ge- 30. Gew. 330 g ⎭ sund.
	0,03 ccm Serum Alte L	Meerschw. 11, Gew. 290 g.	24. ganz munter, ohne Ödem.
			25. kein Ödem. Gew. 300 g. Nachm. Gew. 310 g.
			27. Gew. 320 g ⎫ Tier blieb völlig ge- 30. Gew. 340 g ⎭ sund.
	0,02 ccm Serum Alte L	Meerschw. 12, Gew. 260 g.	24. reichl. Ödem, geringe Motilität.
			25. Morgens tot aufgefunden. Gew. 240 g. Obdukt. Typischer Diphtheriegiftbefund.
	0,01 ccm Serum Alte L	Meerschw. 13, Gew. 260 g.	24. Ausgedehntes Ödem. Tier schwer krank.
			25. Morgens tot aufgefunden. Gew. 240 g. Obdukt. Typ. Diphtheriegiftbefund.
	0,005 ccm Serum Alte L	Meerschw. 14, Gew. 255 g.	Verlauf genau wie bei Meerschw. 13.

Zur genaueren Bestimmung setzte ich diesen Versuch weiter fort und fand:

	0,2 ccm Diphtheriegift Paltauf = 10 fach tödl. Dosis vermischt mit	Versuchstier	Verlauf des Versuchs
16. VII. 04.	0,03 ccm Serum Alte L	Meerschw. 27, Gew. 250 g.	17. Gew. 245 g. 18. Gew. 250 g. Fraglich, ob Spur Ödem. Tier sehr mobil. 19. Gew. 255 g. Kein Ödem. Tier sehr mobil. Von hier ab ständige Zunahme.
	0,0275 ccm Serum Alte L	Meerschw. 28, Gew. 240 g.	17. Gew. 230 g. 18. Gew. 235 g. Ganz leichtes Ödem. 19. Gew. 240 g. Sehr mobil, kein Ödem mehr. Von hier ab ständige Zunahme.
	0,025 ccm Serum Alte L	Meerschw. 29, Gew. 245 g.	17. Gew. 240 g. 18. Gew. 235 g. Mäßiges Ödem. Mobil. 19. Gew. 245 g. Von da ab schnelle Abnahme des Ödems und ständige Zunahme an Gewicht.
	0,0225 ccm Serum Alte L	Meerschw. 30, Gew. 250 g.	17. Gew. 235 g. 18. Gew. 225 g. Sehr starkes Ödem. Mobilität beeinträchtigt. 19. Tier tot aufgefunden. Gew. 200 g. Obdukt.: Typ. Di Giftbefund.

Darnach war etwa 0,03 ccm Serum der Alten die Dosis der glatten Resorption oder es schützte 0,03 des Serums vor 0,2 ccm Diphtheriegift Paltauf; da das zur Prüfung benutzte Gift aber $\frac{1}{2}$ normal war (Dosis letalis für Meerschweinchen von 250 g ... 0,02 oder nach v. Behrings Ausdrucksweise:

1 ccm = + 12 500 M), hätte

0,03 des Serums der Alten vor 0,1 ccm Normalgift geschützt,

somit 0,3 ccm des Serums vor 1,0 ccm Normalgift. Nun bezeichnet man als Antitoxin- oder Immunisierungseinheit[1]) diejenige Menge von Antitoxin, welche gerade ausreicht, um eine Toxin-Einheit (= 1 ccm Normalgift) zu neutralisieren; somit erwies sich das Serum der Alten über 3-fach normal, d. h. es enthielt in 1 ccm mehr als 3 J. E. Antitoxin. Berechnen wir dies auf die Gesamtserummenge (= $\frac{1}{26}$ des Körpergewichts, hier also rund = 23 ccm), so stellt sich heraus, dafs im Serum der Alten noch ungefähr 75 J. E. des eingespritzten Antitoxins nachweisbar waren.

Die Prüfung des vermischten Serums der 3 Jungen L I—III nach der Marxschen Methode ergab[2])

$\frac{1}{10}$ tödliche Giftdosis vermischt mit	Versuchstier	Befund bei der Tötung nach 2×24 Stunden
1. 0,2 ccm Serum Junge L I—III	Meerschw. 15; Gew. 290 g.	Gew. 300 g, geringes Ödem, etwas vermehrte Peritonealflüfsigkeit.
2. 0,3 ccm Serum Junge L I—III	Meerschw. 26; Gew. 230 g.	Gew. 180 g, sehr starkes Ödem.
3. 0,4 ccm Serum Junge L I—III	Meerschw. 16; Gew. 300 g.	Gew. 320 g, Spur Ödem.
4. 0,6 ccm Serum Junge L I—III	Meerschw. 24; Gew. 250 g.	Gew. 230 g, völlig glatt.

(Wir sehen hier wieder die Genauigkeit der mefsbaren Abstufungen; die etwas stärkere Affektion des zweiten Tieres wird durch sein im Verhältnis zu den anderen geringes Gewicht erklärt.)

Somit zeigte sich bei 0,6 ccm Serum der Jungen glatte Resorption. Dies entspricht nach den mit dem Paltaufschen Antitoxin gefundenen Resultaten etwa $\frac{1}{200}$ J. E.

[1) Ich folge hier den Angaben des in Buchform vorliegenden Berichtes der Farbwerke Meister Lucius und Brüning (1903). In anderen Büchern (z. B. bei Dieudonné) wird man andere Angaben finden.

2) Ich brauche wohl kaum hervorzuheben, dafs die einzelnen Prüfungen stets durch Injektionen der $\frac{1}{10}$ tödlichen Dosis ohne Zusatz bei einem Meerschweinchen kontrolliert wurden.

Wenn in 0,6 ccm also $1/_{200}$ J. E. nachweisbar waren, so enthielt 1 ccm dieses Serums etwa $1/_{120}$ J. E. oder das Gesamtblut eines solchen Tieres etwa $1/_{50}$ J. E. Diphtherie-Antitoxin.

Dieser Versuch bildete für das Meerschweinchen eine Bestätigung dessen, was Polano beim Menschen bezüglich des Tetanus-Antitoxins gefunden hatte, nämlich plazentaren Übergang des Antitoxins von der Mutter auf das Junge auch bei antitoxischer Immunisierung.

Nach dieser Feststellung war ich begierig zu sehen, ob etwa die Jungen eines Tieres, das vor einiger Zeit eine starke Diphtheriegiftdosis erhalten hatte, aber überlebend geblieben war, in ihrem Blute Antitoxin hätten.

2 Junge des auf solche Weise behandelten Meerschweinchens ♄ wurden am Tage der Geburt entblutet.

Es zeigte sich nicht der geringste Antitoxingehalt im Blute der Jungen. Dies stimmt überein mit der Erfahrung, daß Meerschweinchen sich aktiv gegen Diphtherie kaum immunisieren lassen.

Nun ging ich daran, den Übergang des Antitoxins im Blute vom Darmkanal aus zu prüfen.

I. Meerschweinchen v I und v II, vom Tag der Geburt ab mit Diphtherie-Antitoxin mittels Ballpipette gefüttert. Gewicht (erst am 3. Lebenstag notiert: 90 und 100 g).

Vom 18. VI. bis 21. VI. 1904 bekamen sie zusammen 18,75 ccm eines 400 fachen Höchster Serums = 7500 J. E., also rund 40 J. E. pro Gramm Körpergewicht.

Am 22. VI. vormittags werden sie beide in gemeinsames Gefäß entblutet.

$1/_{10}$ tödl. Giftdosis vermischt mit	Versuchstier	Befund bei der Tötung nach 2×24 Stunden
0,1 ccm Serum Junges v I u. II	Meerschw. 23; Gew. 250 g.	Gew. 200 g; mäßig starkes Ödem, mäßig Hämorrhagien.
0,2 ccm Serum Junges v I u. II	Meerschw. 37; Gew. 260 g.	Gew. 260 g; wenig Ödem mit geringen Hämorrhagien.
0,3 ccm Serum Junges v I u. II	Meerschw. 38; Gew. 250 g.	Gew. 250 g; sehr geringes Ödem.
0,4 ccm Serum Junges v I u. II	Meerschw. 18; Gew. 240 g.	Gew. 240 g; glatt.

Resultat: 0,4 ccm ergaben glatte Resorption, d. h. sie hatten die Wirkung von $1/200$ J. E. oder: 1 ccm des Serums der beiden Tiere v I und II enthielt ungefähr $1/80$ J. E. Diphtherie-Antitoxin, mit anderen Worten: ins Gesamtblut der beiden Tierchen war durch die Fütterung rund $1/10$ J. E. Antitoxin übergegangen.

II. 22. VII. 1904. Junges Meerschweinchen H VII, 40 g schwer, erhält am Tag der Geburt und am folgenden zusammen 1,8 ccm Höchster Diphtherie-Heilserum (400 fach = 720 J. E.) mittels Ballpipette verfüttert. Es kommen also auf 1 g Körpergewicht 18 J. E.

Leichte Aspiration bei der Verfütterung. Entblutung 6 Stunden nach der letzten Fütterung

Die erhaltenen 0,4 ccm Serum werden zu einer einzigen Prüfung verwendet:

Versuchstier	Befund bei der Tötung nach 2×24 Stunden
Meerschw. 47; Gew. 250 g	Gew. 280 g. Völlig glatte Resorption.

Resultat: Deutlicher Übergang von Antitoxin ins Blut; da nur der eine Versuch gemacht werden konnte, läfst sich der Antitoxingehalt des Serums nicht genau feststellen, es enthielt aber mindestens 1 ccm Serum des Jungen H VII.... $1/80$ J. E. Diphtherie-Antitoxin; der Mindestgehalt seines Gesamtblutes war demnach ungefähr $1/50$ J. E.

III. 25. VII. 1904. Junges Meerschweinchen 3 II, 80 g schwer, erhält am Tage der Geburt per os 2,88 ccm Höchster Diphtherie-Heilserum (500 fach = 1440 J. E.), also auf das Gramm Körpergewicht gerechnet 18 J. E.

Am folgenden Morgen durch Halsschnitt entblutet.

Die Prüfung ergab:

$1/10$ tötl. Giftdosis vermischt mit	Versuchstier	Befund bei der Tötung nach 2×24 Stunden
0,1 ccm Serum 3 II	Meerschw. 48; Gew. 250 g	Gew. 245 g; völlig glatte Resorption
0,2 ccm Serum 3 II	Meerschw. 49; Gew. 240 g	Gew. 245 g; völlig glatte Resorption
0,4 ccm Serum 3 II	Meerschw. 50; Gew. 230 g	Gew. 235 g; völlig glatte Resorption

Resultat: Schon 0,1 ccm Serums verursachte völlig glatte Resorption der $\frac{1}{10}$ tödlichen Giftdosis, enthielt also zum mindesten $\frac{1}{200}$ J. E. oder 1 ccm des Serums vom Jungen 3 II enthielt zum wenigsten $\frac{1}{20}$ J. E. Diphtherie-Antitoxin, das Gesamtserum des Tieres also zum wenigsten $\frac{1}{7}$ J. E.

IV. 25 VII 1904. Junges Meerschweinchen 4 I, 60 g schwer, erhält am Tage der Geburt per os

2,1 ccm Höchster Diphtherie-Heilserum 400 fach = 840 J. E.
0,48 „   „   „   „   500 fach = 240 J. E.
zusammen 1080 J. E.,

entsprechend 18 J. E. pro Gramm des Körpergewichts.

Entblutung am folgenden Morgen. Die Prüfung nach Marx ergab:

$\frac{1}{10}$ tödl. Giftdosis vermischt mit	Versuchstier	Befund bei der Tötung nach 2 × 24 Stunden
0,4 ccm Serum 4 I	Meerschw. 51; Gew. 250 g	Gew. 265 g; völlig glatte Resorption

Resultat: Bereits 0,4 ccm des Serums verursachte völlig glatte Resorption, enthielt also zum mindesten $\frac{1}{200}$ J. E.
Mindestgehalt von 1 ccm Serum des Jungen 4 I ... $\frac{1}{80}$ J. E.
Mindestgehalt des Gesamtserums des Jungen 4 I ... $\frac{1}{35}$ J. E.

V. 25. VII. 1904. Junges Meerschweinchen 4 II, 60 g schwer, erhält am Tage der Geburt per os 2,16 ccm Höchster Diphtherie-Heilserum (500 fach = 1080 J. E.), also wiederum 18 J. E. aufs Gramm Körpergewicht gerechnet.

Entblutung am nächsten Morgen.

Die Prüfung ergab:

$\frac{1}{10}$ tödl. Dosis vermischt mit	Versuchstier	Befund bei der Tötung nach 2 × 24 Stunden
0,15 ccm Serum 4 II	Meerschw. 52; Gew. 240 g	Gew. 245 g; völlig glatte Resorption
0,3 ccm Serum 4 II	Meerschw. 53; Gew. 230 g	Gew. 225 g; völlig glatte Resorption

Resultat: Mindestgehalt von 1 ccm Serum des Jungen 4 II $\frac{1}{30}$ J. E., Mindestgehalt des Gesamtserums des Jungen 4 II $\frac{1}{13}$ J. E. Diphtherie-Antitoxin.

VI. 26. VII. 1904. Junges Meerschweinchen f III, 85 g schwer, erhält am Tag der Geburt per os 3,06 ccm Höchster Diphtherie-Heilserum (500 fach = 1530 J. E), wiederum 18 J. E. auf das Gramm Körpergewicht gerechnet.

Entblutung am folgenden Vormittag.

Die Prüfung ergab:

$^1/_{10}$ tödl. Giftdosis vermischt mit	Versuchstier	Befund bei der Tötung nach 2×24 Stunden
0,1 ccm Serum f III	Meerschw. 56; Gew. 240 g	Gew. 220 g. Außerordentlich starkes Ödem mit starken Hämorrhagien.
0,2 ccm Serum f III	Meerschw. 54; Gew. 230 g	Gew. 225 g. Mäßig starkes Ödem; starke Hämorrhagien.
0,4 ccm Serum f III	Meerschw. 55; Gew. 270 g	Gew. 255 g. Mäßig starkes Ödem; starke Hämorrhagien.

Ich bin bei diesem Versuch also nicht bis zur Erzielung des »Glattwertes« gekommen. Doch während 0,1 ccm Serum noch keinerlei Einwirkung auf die Giftdosis zeigt (Befund genau wie bei dem Kontrolltier), läßt sich eine solche bereits bei 0,2 und 0,4 ccm Serum-Zusatz erkennen. Es würde das »mäßig starke Ödem« etwa entsprechen $^1/_{500}$ J. E. unserer empirischen Tabelle. Ich unterlasse hier eine Ausrechnung auf Grund dieser Zahl. Der Übertritt einer kleinen Menge von Diphtherie-Antitoxin ins Blut ist aber beim Jungen f III sichergestellt.

VII. 26. VII. 1904. Junges Meerschweinchen μ III, 80 g schwer, erhält am Tag der Geburt per os 2,88 ccm Höchster Diphtherie-Heilserum (500 fach = 1440 J. E.), auch wieder aufs Gramm Körpergewicht 18 J. E. gerechnet.

Entblutung am folgenden Morgen. Bei der Prüfung ergaben 0,38 ccm des Serums mit $^1/_{10}$ tödlicher Giftdosis zusammengebracht, völlig glatte Resorption nach zweimal 24 Stunden.

Das Resultat ist also auch hier wieder deutlich positiv.

Nachdem sich so als gesetzmäßige Erscheinung der Übergang eines Teiles des als Heilserum verfütterten Diphtherie-Antitoxins durch den Magendarmkanal der neugeborenen Meerschweinchen ins Blut gezeigt hatte, blieb noch die Frage übrig, ob alte Tiere sich ebenso verhielten. Ich nahm deshalb folgenden Versuch vor:

12. VII. 1904. Muttertier d, Gewicht 570 g, bekommt aus der R. Karotis ca. 3 ccm Blut entzogen.

Darnach Fütterung mit Ballpipette. Vom 12. bis 15. VII. erhält das Tier im ganzen **22 500 J. E.** Diphtherie-Antitoxin in Form von Höchster Heilserum (400 und 500 fach) verfüttert.

Es war in diesem Falle also auf jedes Gramm Körpergewicht etwa 40 J. E. gerechnet. Am Nachmittag des 15. VII. wurde dem Tier 8 ccm Blut aus der linken Carotis entnommen.

Die Prüfung des Blutserums dieses alten Tieres vor der Fütterung ergab:

$1/_{10}$ tödl. Giftdosis vermischt mit	Versuchstier	Befund bei der Tötung nach 2×24 Stunden
0,1 ccm Serum d	Meerschw. 36; Gew. 245 g	Gew. 220 g. Sehr starke Ödembildung mit reichl. Hämorrhagien.
0,2 ccm Serum d	Meerschw. 32; Gew. 230 g	Gew. 210 g. Ebenso.
0,4 ccm Serum d	Meerschw. 33; Gew. 230 g	Gew. 210 g. Ebenso.
0,6 ccm Serum d	Meerschw. 35; Gew. 230 g	Gew. 210 g. Ebenso.

Resultat: Das Serum des Tieres d enthielt vor der Fütterung kein Diphtherie-Antitoxin.

Die Prüfung desselben Serums nach der Fütterung mit dieser riesigen Antitoxin-Dosis ergab:

$1/_{10}$ tödl. Giftdosis vermischt mit	Versuchstier	Befund bei der Tötung nach 2×24 Stunden
0,1 ccm Serum d	Meerschw. 40; Gew. 260 g	Gew. 240 g. Außerordentl. starkes Ödem mit reichl. Hämorrhagien.
0,2 ccm Serum d	Meerschw. 41; Gew. 260 g	Gew. 255 g. Ebenso.
0,3 ccm Serum d	Meerschw. 42; Gew. 250 g	Gew. 225 g. Ebenso.
0,4 ccm Serum d	Meerschw. 43; Gew. 240 g	Gew. 235 g. Ebenso.
0,5 ccm Serum d	Meerschw. 44; Gew. 250 g	Gew. 235 g. Ebenso.
0,6 ccm Serum d	Meerschw. 45; Gew. 240 g	Gew. 215 g. Ebenso.

Resultat: Es war nicht die Spur nachweisbaren Antitoxins ins Blut der Alten übergegangen.

Eine Wiederholung dieses Versuches verbot sich durch seine außerordentliche Kostspieligkeit; er stimmt aber völlig zu all den von Römer erhaltenen Resultaten bei den Alten der verschiedensten Tiergattungen.

Hier ist der Ort, einen Versuch am neugebornen Menschen einzufügen. Ich hätte gern an einer gröfseren Anzahl von Kindern solche Antitoxinfütterungen vorgenommen, allein — da nur durch einen Aderlafs genügende Mengen Blutes erhalten werden konnten — scheute ich mich, zu solchen nicht notwendigen Operationen zu schreiten, und kann deshalb nur über ein einziges Experiment berichten: Das Kind, Wolfgang B., wurde gleich nach der Geburt wegen schwerer inoperabler Spina bifida und Klumpfüfsen in das von Haunersche Kinderspital aufgenommen. Die Verdauung funktionierte — wie die Beobachtung in den ersten Lebenstagen zeigte — gut; ich glaubte, bei diesem Candidatus mortis einen Aderlafs wagen zu dürfen. Als das Kind 3 Tage alt war, entzog ich ihm aus der linken Vena mediana Blut. Dann verfütterte ich auf einmal mittels Magensonde 15000 J. E. Diphtherie-Antitoxin. Am folgenden Tag, nach $15^{1}/_{2}$ Stunden, machte ich eine Blutentziehung aus der Vena mediana.

Die Prüfung des kindlichen Serums nach Marx vor der Fütterung ergab bis 0,05 ccm herunter glatte Resorption. Leider konnte ich nicht mit geringeren Serummengen eine ergänzende Prüfung vornehmen, da zum ersten Versuch alles verbraucht war. Das Serum nach der Fütterung ergab bei den entsprechenden Werten gleichfalls glatte Resorption. So ist also durch dieses Experiment für unsere Frage nichts bewiesen, wohl aber wiederum festgestellt, dafs sich im Serum des nicht gesäugten neugebornen Menschen gröfsere Diphtherie Antitoxinmengen vorfinden können.

Nachdem die Durchlässigkeit des Magendarmkanales neugeborner Meerschweinchen für das Diphtherie-Antitoxin einwandfrei gezeigt war, galt es, das Tetanus-Antitoxin unter gleichen Verhältnissen zu prüfen. Aber über den nun folgenden Untersuchungen schwebte von Anfang an ein böser Stern. Durch die entgegenkommende Liebenswürdigkeit des Herrn Prof. Paltauf verfügte ich über ein festes Tetanustoxin und über ein flüssiges

Antitoxin. In dem von Herrn Dozenten Dr. Kraus, dem ich für seine Bemühungen den herzlichsten Dank ausspreche, gezeichneten Begleitschreiben zur Sendung dieser Agentien hiefs es: »es lag an der Labilität des Toxins, wodurch wir an der Bewertung verhindert wurden«. Leider zeigte sich diese Labilität auch während unserer Versuche in ganz aufserordentlicher Weise, so dafs von nahezu 200 Tierversuchen nur eine verhältnismäfsig kleine Anzahl verwertet werden kann. Es ist selbstverständlich, dafs ich keine Versuchsreihe ohne erneute Kontrolle angestellt habe. Überall, wo das Kontrolltier nicht unter den typischen Tetanus-Erscheinungen starb, konnte die ganze Reihe der gleichzeitig angestellten Tierexperimente nicht berücksichtigt werden.

Nach den Feststellungen des Kaiserl. Kgl. serotherapeutischen Institutes in Wien tötete 0,00002 ccm von einer Lösung 1 g Tetanustoxin $+ 9$ g physiologische Kochsalzlösung eine Maus. Von dem antitoxischen Serum neutralisierte 0,00001 ccm die letale Mausdosis.

Die von mir angestellten, mit verschiedenen neugefertigten Lösungen des Trockentoxins vorgenommenen Prüfungen ergaben, dafs die angegebene einfach letale Dosis eine Maus nicht vor dem 4. Tage tötete. Von der Verwendung des Antitoxins mufste ich Abstand nehmen, da die damit injizierten Mäuse alle schnell unter schweren Vergiftungserscheinungen starben. Eine bakterielle Noxe konnte ich aber in dem Serum nicht finden.

Ich verschaffte mir daher ein Behringsches Tetanusheilserum (61 a) von der Firma Dr. Siebert und Dr. Ziegenbein, das sechsfach normal war.

Da nach der Behringschen Berechnungsweise 0,1 ccm eines Normalserums $= -4\,500\,000$ Ms ist, d. h. die für $4\,500\,000$ g Mausgewicht tödliche Giftdosis neutralisiert, so war 1 ccm dieses Serums $= -270\,000\,000$ Ms. Von diesem Serum stellte ich mir eine Lösung her, von der 0,05 ccm $= -13,5$ Ms waren, also eine Maus von mittlerem Gewicht vor der tödlichen Giftdosis schützten. Versuche bestätigten die berechnete Wirkung dieses Antitoxins. Der Nachweis desselben in dem Blute der damit gefütterten Meerschweinchen mufste natürlich an dem für das Tetanusgift so empfindlichen Mauskörper versucht werden[1]). Hier war der »Glattwert« durch die Serummenge dargestellt, die eine mit der tödlichen Giftdosis injizierte Maus vollkommen vor Erkrankung schützte. Geringere Mengen liefsen sich noch dadurch nachweisen, dafs der Tod der tetanusvergifteten Mäuse um einige Zeit aufgehalten wurde, oder dafs nur leichte, nicht zum Exitus führende tetanische Erscheinungen auftraten.

Ich habe an 19 junge und ein altes Meerschweinchen bis zur Zeit der Niederschrift das Tetanus-Antitoxin verfüttert.

Im Blute von vier aus verschiedenen Würfen stammenden unbehandelten neugebornen und einem alten Meerschweinchen fand sich kein Tetanus-Antitoxin.

I. 5. XII. 1904. Junges Meerschweinchen Cc III, 55 g schwer, erhielt mittels Ballpipette am ersten Lebenstage 3 ccm des Behringschen Tetanusheilserums 61 a — 6 fach normal — verfüttert. Da nach der Behringschen Berechnungsweise 0,1 ccm Normalserums = — 4 500 000 Ms[2]), so ist 1 ccm eines 6 fach normalen Antitoxins = — 270 000 000 Ms zu setzen und es wurde somit an das Meerschweinchen eine Dosis verfüttert, die eine für 710 Millionen Gramm Mäuse tödliche Dosis paralysierte.

Das Tier wurde 5 Stunden nach der letzten Fütterung entblutet.

Die Prüfung ergab:

	Einfach tödl. Giftdosis vermischt mit	Versuchstier	Verlauf
10. XII. 04.	0,02 ccm Serum Cc III	Ms 88, Gew. 15 g	11. XII. mobil 12. XII. Deutl. tetan. (RH[3]) 13. XII. Schwerer Streckkrampf 14. XII. Morgens tot aufgefunden.

1) Ich bediente mich stets der gleichen Technik, spritzte die Flüssigkeiten hinten über dem rechten oder linken Oberschenkel ein, liefs Toxin und zu prüfendes Serum mehrere Stunden (zumeist über Mittag) vor der Injektion aufeinander einwirken und rundete auf ein Gesamtvolum von 0,4 ccm auf, soweit nicht gröfsere zu prüfende Serummengen ein Hinausgehen über dies Volum erforderten.

2) d. h. also nach der oben gegebenen Erklärung: es neutralisiert die für 4 500 000 g Mäusegewicht tödliche Giftdosis.

3) Mit diesen Abkürzungen ist bezeichnet: RH: Rechtes Hinterbein. LH: Linkes Hinterbein.

	Einfach tödl. Giftdosis ver- mischt mit	Versuchstier	Verlauf
10. XII. 04	0,03 ccm Serum Cc III	Ms 89, Gew. 12 g	11. XII. mobil 12. XII. schwach tetan (LH.) 13. XII. LH schwerer Streckkrampf 14. XII. 15. XII. } schwer tetan. 16. XII. 17. XII. Morgens tot aufgefunden.
	0,05 ccm Serum Cc III	Ms 90, Gew. 12 g	11. XII. mobil 12. XII. mobil 13. XII. Morgens tot aufgefunden.
	0,1 ccm Serum Cc III	Ms 91, Gew. 15 g	11. XII. mobil 12. XII. RH starker Streckkrampf 13. XII. Morgens tot aufgefunden.
	0,3 ccm Serum Cc III	Ms 92, Gew. 15 g	11. XII. mobil 12. XII. LH beeinträchtigt 13. XII. LH deutl. beeinträchtigt 14. XII. LH schwer. Streckkrampf 15. XII. ganz schwer tetan. 16. XII. Abends tot.
	Kontrolle I (nur Gift- lösung)	Ms 94, Gew. 15 g	11. XII. mobil 12. XII. LH Streckkrampf 13. XII. schwer. Streckkrampf 14. XII. sehr schwer tetan. 15. XII. Morgens tot aufgefunden.
	Kontrolle II	Ms 95, Gew. 15 g	11. XII. mobil 12. XII. LH Streckkrampf 13. XII. schwerer Streckkrampf 14. XII. sehr schwer tetan. 15. XII. Morgens tot aufgefunden.
	Kontrolle III	Ms 96, Gew. 15 g	11. XII. mobil 12. XII. sehr schwer tetan. Beiders. H schwere Streckkrämpfe 13. XII. Morgens tot aufgefunden.

Resultat: Der Verlauf bei Ms 90 ist nicht typisch. Be-
rücksichtigen wir diese nicht, so sehen wir bei den drei Kontrollmäusen Tod am 3. bis 5. Tag. Über diese Zeit hinaus blieben
am Leben die mit 0,03 und mit 0,3 ccm Serum injizierte Maus.
Es ergibt sich somit keine Todeszeit der einzelnen Tiere, die

mit den ansteigenden Serummengen parallel läuft, indessen hat es den Anschein, als ob der Tod durch die Serumbeimischung etwas hinausgeschoben wurde, also geringere Antitoxinmengen ins Serum wirklich übergegangen wären.

II. 5. XII. Junges Meerschweinchen Cc IV, 45 g schwer, vom gleichen Wurf wie das vorige, erhält gleichzeitig 3,5 ccm des 6fachen Tetanus-Antitoxins = — 845 Millionen Ms.

Tötung wie beim vorigen.

Die Prüfung ergab:

	Einfach tödl. Giftdosis vermischt mit	Versuchstier	Verlauf
10. XII. 04.	0,25 ccm Serum Cc IV	Ms 93, Gew. 15 g	11. XII. mobil
	Kontrolltiere	Ms 94—96	12.—22. XII. stets mobil geblieben wie beim vorigen Versuch.

Resultat: Der Übergang von Tetanus-Antitoxin durch die Fütterung ins Serum des neugebornen Meerschweinchens ist durch diesen Versuch sichergestellt.

Die folgenden beiden Experimente können vielleicht noch verwertet werden, alle anderen führe ich aber gar nicht an, weil stets wieder die Kontrolltiere zeigten, daß das Gift weiter an Wirkung abgenommen hatte[1]).

III. 9. XII. 1904. Meerschweinchen Dd I, 70 g schwer, erhält per os am Tag der Geburt 3 ccm des Siebert-Ziegenbeinschen 6fachen Tetanus-Antitoxins = — 710 000 000 Ms.

Entblutung 3½ Stunden nach der letzten Fütterung.

Prüfung zusammen mit dem folgenden Tier.

---

1) Trotzdem ich schließlich Mengen nahm gleich der ursprünglich 4fachen Giftdosis, gelang es mir nicht mehr, bei den Kontrolltieren einen regelmäßig verlaufenden Tetanus herbeizuführen. Oft hatten noch wenige Tage zuvor die Versuche mit frisch hergestellten Giftlösungen ein deutliches Resultat ergeben, wenn ich aber dann, sobald diese Versuche beendigt waren, zur Prüfung der Gift-Serummischungen schritt, war in dieser Zeit der Toxingehalt wieder so weit verringert, daß die Kontrolltiere keinen regulären Tetanus mehr zeigten. In einigen Versuchen beobachtete ich sogar die paradoxe Erscheinung, daß alle mit dem Serum gespritzten Tiere noch vor den Kontrollmäusen starben. So opferte ich eine Menge Zeit und Versuchstiere umsonst.

IV. 10. XII. 1904.   Meerschweinchen Dd II, 70 g schwer, erhält am 2. Lebenstag 3,5 ccm des Siebert-Ziegenbeinschen 6fachen Tetanus-Antitoxins = — 845 Millionen Ms.   Entblutung 3¹/₂ Stunden nach der letzten Fütterung.

Die Prüfung des Serums der beiden Meerschweinchen ergab:

	Einfach tödl. Giftdosis vermischt mit	Versuchstier	Verlauf
13. XII.	0,02 ccm Serum DdI	Ms 97, Gew. 15 g	14. XII. Morgens tot.
	0,03 ccm Serum DdI	Ms 98, Gew. 15 g	14. XII. Ziemlich mobil 15. XII. RH deutl. Streckkrampf 16. XII. Abends tot.
	0,05 ccm Serum DdI	Ms 99, Gew. 15 g	14. XII. mobil 15. XII. RH Streckkrampf 16. XII. Abends tot.
	0,1 ccm Serum DdI	Ms 100, Gew. 15 g	14. XII. mobil 15. XII. Morgens tot aufgefunden.
	0,2 ccm Serum DdI	Ms 101, Gew. 15 g	14. XII. mobil 15. XII. LH deutl. Streckkrampf 16. XII. LH schwer tetan. 17. XII. Morgens tot.
	0,02 ccm Serum DdII	Ms 102, Gew. 15 g	14. XII. mobil 15. XII. sehr mobil, etwas hochbeinig 16. XII. } 17. XII. } sehr mobil 18. XII. mobil, etwas hochbeinig 19.—21. XII. vollkommen mobil.
	0,03 ccm Serum DdII	Ms 103, Gew. 15 g	14. XII. mobil 15. XII. schwer krank, aber nicht tetan. 16. XII. etwas erholt, keine Streckkrämpfe 17. XII. Morgens tot aufgefunden.
	0,05 ccm Serum DdII	Ms 104, Gew. 15 g	14. XII. mobil 15. XII. genau wie Ms 103 16. XII. Abends wieder sehr mobil 17. XII. Morgens tot aufgefunden.
	0,1 ccm Serum DdII	Ms 105, Gew. 15 g	14. XII. mobil 15. XII. genau wie Ms 103 16. XII. Abends wieder sehr mobil 17. XII. Morgens tot aufgefunden.

13. XII.	Einfach tödl. Giftdosis ver- mischt mit	Versuchstier	Verlauf
	0,2 ccm Serum DdII	Ms 106, Gew.15 g	14. XII. mobil bis 22. XII. vollkommen mobil; nicht weiter beobachtet.
	0,25 ccm Serum DdII	Ms 107, Gew.17 g	14. XII. mobil bis 22. XII. vollkommen mobil; nicht weiter beobachtet.
	nur Gift (Kontrolle)	Ms 108, Gew.15 g	14. XII. mobil 15. u. 16. XII. vollkommen mobil 17. XII. LH beg. Streckkrampf 18. XII. Morgens tot aufgefunden.

Resultat: Will man die bei der Kontrollmaus 108 notierten Krankheits-Erscheinungen als richtigen Verlauf einer Tetanus-vergiftung anerkennen (und man kann sicher anderer Meinung sein), so fällt immer noch an einer Anzahl der übrigen Versuchstiere ein atypisches Verhalten auf, das nicht auf Rechnung des Tetanus-toxins zu setzen ist. So sind gewiſs die drei im selben Käfig gewesenen Mäuse 103—105 einer anderen Ursache erlegen[1]). Auch der Tod der Mäuse 97 und 100 ist wohl nicht durch das Tetanusgift erfolgt. Sehen wir aber von diesen Tieren völlig ab, was die groſse Anzahl der mit den zwei Seris behandelten Mäuse gestattet, so scheint aus diesem Versuche hervorzugehen, daſs in das Serum Dd I kein Antitoxin übergetreten ist, während sich solches in dem Serum von Dd II nach-weisen lieſs.

Hiermit schlieſse ich den Bericht über diese Versuchsreihe. Wegen der . vielen, nicht verwendbaren Resultate verwarf ich schlieſslich das so labile Paltaufsche Gift. Die Güte von Exzellenz von Behring setzte mich in den Besitz eines anderen trockenen Tetanustoxins Nr. VIII und eines Tetanus-Heilserums Nr. IVa.

---

1) Die bakteriologische Untersuchung hatte negativen Erfolg. Ich habe es aber öfter erlebt, daſs in einem sauber gehaltenen Käfig Mäuse ohne erweisbare Ursache eingingen.

Die Titrierung dieses Giftes, das nach den von Herrn Privatdozenten Dr. Römer freundlichst zur Verfügung gestellten Daten
vor einem Jahr die Werte hatte:

$$1 \text{ g} = 10\,000\,000 + \text{Ms}$$
$$= 40\,000\,000 + \text{ms}$$
$$= 60\,000\,000 + \text{M},$$

nahm ich auf folgende Weise vor:

Ich ging aus von einer frischen 5 proz. Lösung des Trockengiftes und stellte von der klar über dem Bodensatz stehenden
Flüssigkeit die notwendigen Verdünnungen her. Jede Maus bekam 0,4 ccm Flüssigkeit R H eingespritzt, es wurde bei der Bestimmung des direkten Giftwertes das Gewicht der Tiere genauestens
berücksichtigt, die Mischungen für die einzelnen Injektionen wurden
stets in 10—25-facher Menge hergestellt, um auch kleinste Fehler
auszuschliefsen.

Die Prüfung des direkten Giftwertes ergab (von der Wiedergabe der notwendigen Berechnungen mufs ich an dieser Stelle
absehen):

1 g des Trockengiftes geprüft auf

20 Millionen + Ms = Spur von Beeinträchtigung,
                nichts deutlich Tetanisches

10 Millionen + Ms = leicht krank (tetanisch), erholt sich

5 Millionen + Ms = mäfsig krank, erholt sich

4 Millionen + Ms = mäfsig krank, erholt sich

3 Millionen + Ms = schwer krank, tot innerhalb v. 4 Tagen

2 Millionen + Ms = schwer krank, tot innerhalb v. 4 Tagen

1 Million   + Ms = tot innerhalb von 24 Stunden.

1 g des Giftes demnach = 3 Millionen +. Ms.

Die Prüfung des indirekten Giftwertes (Toxin und Antitoxin wirkten hierbei vor der Einspritzung 4 Stunden aufeinander
ein) ergab:

80 Millionen + ms = gesund

40 Millionen + ms = schwer krank, tot innerhalb v. 3 Tagen

30 Millionen + ms = tot innerhalb von 2 mal 24 Stunden

25 Millionen + ms = tot innerhalb von 30—36 Stunden

$$20 \text{ Millionen } + \text{ ms } = \left.\begin{array}{l} \\ \\ \end{array}\right\} \text{ ebenso}$$

15 Millionen + ms =

$$10 \text{ Millionen } + \text{ ms } = \left.\begin{array}{l} \\ \\ \end{array}\right\} \text{ tot innerhalb von 24 Stunden}$$

5 Millionen + ms =

1 g des Giftes demnach sicher + 40 Millionen = ms.

Mit diesem Tetanustoxin wurden nun die weiteren Versuche vorgenommen.

V. 13. V. 1905. Meerschweinchen oo I, $1^1/_2$ Tage alt, 75 g schwer, erhält während des ganzen Tages mittels Ballpipette 10 ccm Tetanus-Antitoxin 64 (a) — 8fach von Siebert und Ziegenbein, d. h. es wurde eine Dosis verfüttert, die eine für 3600 Millionen Gramm Mäuse tödliche Dosis paralysierte.

Entblutung am folgenden Morgen, 12 Stunden nach der letzten Fütterung.

Die Prüfung ergab:

	Einfach tödl. Giftdosis vermischt mit	Versuchstier	Verlauf
30. V. 05.	0,1 ccm Serum oo I	Ms 262, Gew. 10 g	31. V. gesund 1. VI. leicht krank 2. VI. deutlich tetan. 3. VI. stark tetan. 4. VI. morgens tot.
	0,3 ccm Serum oo I	Ms 263, Gew. 10 g	Bei wochenlanger Beobachtung völlig gesund geblieben.
	nur Gift (3 Kontrollen)	Ms 264, Gew. 10 g Ms 265, Gew. 10 g Ms 266, Gew. 10 g	Verlauf genau wie bei Ms 262, nur bei Ms 266 tritt der Tod erst am 6. VI. ein, trotzdem auch bei ihr schon am 3. VI. schwerer Tetanus vorhanden ist.

Resultat: Der Übergang von Tetanus-Antitoxin durch die Fütterung ins Blut ist bei diesem Tier sichergestellt. Doch ist es gegenüber der riesigen verfütterten Dosis nur eine ganz verschwindende Menge, da 0,1 ccm des Serums die einfach tödliche Giftdosis nicht in der geringsten Weise beeinflußte.

VI. 26. V. 1905. Meerschweinchen $\pi\pi$ II, 55 g schwer, wenige Stunden alt, erhält am 26. und 27. V. 1905 zusammen 7 ccm 8faches Siebert-Ziegenbeinsches Antitoxin per os = einer Dosis, welche 2520 Millionen Gramm Mäuse vor der tödlichen Giftdosis schützt.

Entblutung 5 Stunden nach der letzten Fütterung.

Die Prüfung ergab:

	Einfach tödl. Giftdosis vermischt mit	Versuchstier	Verlauf
30. V. 05.	0,05 ccm Serum ππ II	Ms 258, Gew. 10 g	während wochenlanger Beobachtung völlig gesund geblieben.
	0,1 ccm Serum ππ II	Ms 259, Gew. 10 g	ebenso
	0,2 ccm Serum ππ II	Ms 260, Gew. 10 g	ebenso
	0,5 ccm Serum ππ II	Ms 261, Gew. 10 g	ebenso
	nur Gift (3 Kontrollen)	Ms 264—266	vgl. den vorigen Versuch.

Resultat: Deutlicher Übergang von Antitoxin ins Blut. Auch die geringste geprüfte Serumdosis von 0,05 ccm paralysierte bereits die einfach tötliche Giftdosis.

VII. 7. VI. 1905. Eine letzte Prüfung nahm ich noch mit 5 Seren von neugeborenen Meerschweinchen (Qq I und II, Ss I, II und III) vor, die vor 5 Monaten mit je 2 resp. 3 ccm eines 8 fachen Tetanus-Antitoxins gefüttert waren. Ich berichte hierüber nur summarisch, weil auch jetzt wieder die Giftlösung sich als äußerst labil erwies.

Am 5. VI. frisch hergestellt, tötete die einfach tödliche Dosis eine Maus in ca. 2½ Tagen. Die 1½ fache tödliche Dosis vermochte aber bei den noch nicht 2 Tage später angestellten Versuchen gleichschwere Kontrollmäuse erst am 10. Tage nach einem sehr chronisch verlaufenen Tetanus zu töten.

Die Sera der Tiere Qq I und Qq II waren vor 5 Monaten mit gleichen Teilen physiol. Kochsalzlösung gemischt worden, seit dieser Zeit hatte sich das Volumen der Flüssigkeit stark verringert. Bei der Prüfung konnte ein Antitoxingehalt der Mischflüssigkeit nicht nachgewiesen werden.

Die Sera der Tiere Ss I, II und III dagegen gleich lange Zeit ohne Zusatz aufbewahrt, zeigten deutliche antitoxische Wirksamkeit. Bei allen dreien schützte schon die geringste geprüfte Serumdosis (0,1—0,1 und 0,3 ccm) die Mäuse vor jeglicher tetanischer Erkrankung.

Wir haben somit einen regelmäßigen Übergang verfütterten Diphtherie-Antitoxins ins Blut bei den neugeborenen Meerschweinchen festgestellt. Auch für das Tetanus-Antitoxin zeigte in fast allen Fällen der Magen-

darmkanal Durchlässigkeit; bei Qq I und Qq II mag der
negative Ausfall der Antitoxin-Prüfung auf die Vermischung mit
Kochsalzlösung 5 Monate vor der Präfung vielleicht zurückgeführt
werden — nur bei Dd I scheint wirklich kein Antitoxin
in das Blut übergegangen zu sein. Dies ist nicht allzu
erstaunlich, wenn man bedenkt, wie gering[1]) überhaupt
die durchschnittlich ins Blut eingedrungenen Antitoxinmengen gewesen sind.

Seit ich die Antitoxinversuche begonnen habe, sind noch
zwei Veröffentlichungen von Römer, eine weitere von Polano
und zwei Arbeiten von Salge erschienen, die sich mit intra-
resp. extrauteriner Antitoxin-Übertragung beschäftigen. Ich muſs
etwas ausführlicher auf sie eingehen, da ein Teil meiner folgenden Darlegungen ständig auf sie Bezug nimmt.

Die erste Römersche Publikation, kurz gehalten, faſste den
von Polano beim Menschen gefundenen plazentaren Antitoxinübergang (wie er fürs Pferd einmal vorher bereits von Ransom
beschrieben war) gemäſs den früher zitierten Behringschen Anschauungen als eine pathologische Erscheinung auf und glaubte,
das heterologe Pferdeserum als Ursache für die Durchlässigkeit des Plazentar-Überzuges ansehen zu sollen. Römer
führte zur Unterstützung dieser Meinung die beim Menschen nach
Heilseruminjektionen auftretenden Exantheme an, deren Zusammenhang mit einer Reizwirkung auf die Blutgefäſse bzw. auf die vaso-
motorischen Nerven nicht bezweifelt werden könne, und erinnerte
an einige Meerschweinchen-Versuche, wo nach Injektion von 2 ccm
normalen Pferdeserums nach wenigen Stunden der Tod erfolgte,

---

1) Ich habe bei den Tetanus-Antitoxin-Fütterungen eine approximative
zahlenmäſsige Bestimmung des ins Blut übergegangenen Antitoxins unterlassen,
vor allem deshalb, weil ich bei den meisten Seris infolge der so geringen zur
Verfügung stehenden Mengen nicht bis zur untersten Grenze gehen konnte
d. h. nicht bis zu derjenigen geringsten Serumdosis, welche die Maus gegen
jegliche Erkrankung schützte, wenn sie zusammen mit der einfach tödlichen
Giftdosis gegeben wurde. Wie aber aus dem Versuch V hervorgeht, wo
0,1 ccm Serum noch keine Beeinflussung der Giftwirkung erkennen lieſs,
sind es offenbar auſserordentlich geringe Dosen (Millionstel des Verfütterten),
welche ins Blut übergehen.

wobei die Sektion ausgedehnte Transsudate in den serösen Körper-
höhlen und Hämorrhagien in verschiedenen Organen ergab.
Polano, der diese Anschauung nicht teilen mochte, stellte weitere
Experimente an und fand nochmals in zwei Fällen, wo er der
Mutter 10 resp. 19 Tage vor der Niederkunft Tetanus-Antitoxin
eingespritzt hatte, Übergang desselben ins Blut des Kindes. Von
seinen 3 Fällen, bei denen er den Übergang des Diphtherie-
Antitoxins nachzuweisen suchte, erscheint nur einer brauchbar,
weil allein bei diesem das Blut der Mutter vor der Injektion geprüft wurde und sich als antitoxinfrei erwies.

Von der Überlegung ausgehend, daſs, wenn die plazentare
Antitoxinübertragung ein physiologischer Akt sei, alle die Kinder
diphtherie-antitoxinhaltiges Blut haben müſsten, deren Mütter
(infolge vorausgegangener Erkrankung) dies aufwiesen, stellte
Polano entsprechende Versuchsreihen an. Er kommt zum Schlusse:
›In allen Fällen, in denen das mütterliche Blut antitoxinhaltig
befunden wurde, läſst sich einwandsfrei ein Gehalt des Fötalserums
an Antitoxinen feststellen; fehlen aber die Antitoxine bei der Mutter,
so sind auch beim Fötus keine vorhanden.‹ Hat Polano mit
diesem Satze recht, so ist die Behring-Römersche Meinung
von der Rolle des heterologen Serums beim Antitoxinübertritt
hinfällig. Leider gibt aber Polano gerade von diesen Protokollen,
da sie für die einzelnen Gruppen gleich lauten, nicht alle an
(4 von 7), und in diesen 4 finden sich einige Angaben, die mich
stutzig machen. Die angeregte Frage ist so wichtig, daſs ein
kurzes Eingehen auf die Protokolle wohl erlaubt ist.

Im Protokoll 1a (S. 11 des Separatabdruckes) geht das Kontrolltier nach Injektion von 0,015 Diphtherietoxin nach 6 Tagen
zugrunde und zeigt ›Nebennierenveränderungen‹; andere typische
Diphtheriegiftveränderungen (lokales Ödem, Pleura-Erguſs etc.)
werden nicht erwähnt. In einem andern Fall (1b) stirbt das
Kontrolltier bei Injektion einer gleichen Dosis schon nach
2 Tagen. Die mit dem Blut der Mutter resp. des Kindes und
der Giftdosis behandelten Tiere sterben nach 2, 3, 5 und 9 Tagen.
Dies Protokoll dient zum Beweis, daſs weder das Blut der Mutter
noch das des Kindes antitoxinhaltig war.

Ich muſs gestehen, daſs mich die Aufzeichnungen daran
denken lassen, das Diphtheriegift Polanos habe nicht völlig
seine Schuldigkeit getan, und ich bin der Meinung, daſs wir die
Frage der plazentaren Antitoxinübertragung nach aktiver Immunisierung der Mutter als durch die Polanoschen Versuche
vorläufig nicht entschieden erklären müssen. Es wäre
deshalb sehr dankenswert, wenn Polano seine diesbezüglichen
Experimente und die Obduktionsprotokolle in extenso veröffent-
lichen würde. —

In einer dritten Arbeit hat nun Römer nochmals das Thema
aufgenommen und zahlreiche Versuche am Menschen, an gröſseren
Tieren und an Meerschweinchen und Kaninchen veröffentlicht.
Er fand (in Bestätigung der Polanoschen Arbeiten) regel-
mäſsigen Übergang von Antitoxin beim Menschen, bei
Kaninchen beobachtete er ihn in manchen, bei Meer-
schweinchen in den meisten Fällen, bei Schafen und
Rindern nie.

»Betrachten wir dies Gesamtergebnis — sagt er — so fällt
auf, daſs wir Übergang von Antitoxin um so eher zu erwarten
haben, je weiter im phylogenetischen Sinne die betreffende Tierart von dem Pferde, mittels dessen Serum die Immunisierung
erfolgte, entfernt ist. Der Mensch steht phylogenetisch dem
Pferd ferner als die Nagetiere und diese wiederum ferner als die
mit den Pferden in die Klasse der Huftiere zusammengehörigen
Schafe und Rinder. Somit erkläre ich mir den Übergang von
Antitoxin durch die Plazenta hindurch auf den Fötus im Vergleich
zu den Fällen, wo derselbe ausbleibt, aus einer gröſseren Durchlässigkeit derselben für das heterogene Bluteiweiſs.« Also
wiederum ein Zurückkommen auf die frühere Annahme von einer
Schädigung der Gefäſswände, d. h. Auffassung des Antitoxin-
übertritts als eine pathologische Erscheinung.

Im zweiten Teil der gleichen Arbeit publiziert Römer neue
Antitoxin-Fütterungsversuche, an Rindern und Schafen vorgenommen mit der Milch der passiv immunisierten Mutter. Auch
diese zeigen wieder Antitoxinübergang durch den Magendarmkanal
innerhalb der ersten Lebenswoche.

Die beiden Salgeschen[1]) Veröffentlichungen ergaben beim Menschen keinerlei Resorption des Antitoxins durch den Magendarmkanal, wenn es als Heilserum oder als Ziegen-Immunmilch gegeben, aber wirkliche Resorption, wenn es als Ingrediens der Menschenmilch verfüttert wurde. Salge meint demnach, dafs nur durch Vermittelung homologer, d. h. artgleicher Eiweifsstoffe Antitoxine die Magendarmwand des Säuglings passieren können.

Sehen wir zunächst also von der intrauterinen Antitoxinübertragung ab, so stehen sich gegenüber:

1. Römer, der in der ersten Lebenswoche stets positive Resultate hatte (Pferd, Schaf, Rind);
2. Salge, der bei Verfütterung des Antitoxins in Form von Pferdeserum oder Ziegenimmunmilch negative, in Form von Menschenmilch positive Resultate hatte (Mensch);
3. meine Versuche mit (einen einzigen Fall — Dd I — ausgenommen) stets positiven Resultaten (Meerschweinchen).

Ich glaube nicht fehlzugehen, wenn ich annehme, dafs v. Behring-Römer meine Befunde als vollkommene Bestätigung für ihre Ansichten ansehen werden, besonders nachdem sie (resp. Römer) den negativen Ausfall der Salgeschen Serumfütterungs-Versuche dadurch erklären, dafs die von diesem eingeführten Antitoxinmengen an zu geringe Eiweifsquantitäten geknüpft waren, die der zerstörenden Tätigkeit schon ausgebildeter proteolytischer Fermente nicht entgingen. Aber in Wirklichkeit ist der Sachverhalt kein so einfacher.

Von den Salgeschen Experimenten lassen sich für unsere Frage überhaupt nur ganz vereinzelte verwenden, weil sie fast alle an Kindern vorgenommen wurden, welche die erste Lebenswoche hinter sich, zumeist längst hinter sich hatten (Kinder bis zu 6 Monaten[2]).

1) Salge hat auch die Marxsche Methodik angewandt; ich lege Wert darauf, zu betonen (und aus dem Datum der einschlägigen Protokolle geht dies auch deutlich hervor), dafs ich ganz unabhängig von ihm die Wichtigkeit der Methode gerade für die vorliegenden Versuche erkannte.

2) Damit sei der Salgeschen Versuchsanordnung kein Vorwurf gemacht. Denn dem Autor kam es weniger auf eine Entscheidung der

Die im besten Falle verwendbaren Beobachtungen der ersten
Salgeschen Arbeit (6 und 7) zeigen zwar Resorption von
Antitoxin, wenn es als Bestandteil der Menschenmilch, jedoch
nicht, wenn es als Pferdeserum verfüttert war. Aber Römer
wies die Salgesche Erklärung, daſs es sich dabei um Unterschiede handle, die sich durch die Begriffe heterolog und homolog
ausdrücken lassen, zurück unter Anführung von Tierexperimenten
des Marburger Institutes, die bewiesen, daſs im Pferdeserum ent-
haltene Antitoxine, auch wenn sie durch die Blutbahn eines
anderen Tieres (z. B. des Meerschweinchens) geschickt worden
sind, genau dieselben Eigenschaften behielten, die sie vorher
hatten. Mit anderen Worten, ein solches Passage-Antitoxin war
seinem ganzen Verhalten nach noch immer an Pferdeeiweiſs,
nicht an Meerschweincheneiweiſs gebunden.

In der zweiten Arbeit hat nun Salge Versuche veröffentlicht,
wo die Milch gegen Diphtherie[1]) immunisierter Ziegen an Kinder
verfüttert wurde, und wo wiederum keine Antitoxin-Resorption zu konstatieren war. Da hier die äuſseren Bedingungen dieselben günstigen waren wie bei der Ernährung mit
antitoxischer Menschenmilch, nämlich Verteilung des Antitoxins
über eine bedeutendere Eiweiſsmenge und daher gröſere Möglichkeit, daſs ein Teil desselben der Zerstörung durch die proteo-
lytischen Fermente entginge, so sprechen die Versuche scheinbar
gegen die Römerschen Einwände. Aber leider wird hier die
Beurteilung wieder enorm erschwert durch die Eigenart der
Salgeschen Versuchsanordnung.

Fall 2 (luetisches Kind) hält Salge selbst nicht für verwertbar.

---

wissenschaftlichen Frage von der Durchgängigkeit des Magendarmkanals
der Neugebornen an, als auf eine Untersuchung, ob sich eine etwaige Durchgängigkeit des Intestinaltraktus bei jüngeren Kindern praktisch durch
Verfütterung von Immunmilch verwerten lasse.

1) Die Versuche mit Ziegenmilch, die Typhus-Immunkörper enthielt,
bespreche ich nicht, da sie an zwei 9 Wochen alten Kindern vorgenommen
wurden.

Fall 3 war zu Beginn des Versuchs bereits 23 Tage alt, kann also auch keinen Anspruch auf Berücksichtigung machen. Es bliebe also nur Fall 1 übrig, wo es sich um ein 4 Tage altes Kind handelt. Bei diesem Kinde wurde aber eine Untersuchung auf Zunahme des Antitoxingehaltes (die negativ ausfiel) erst in der vierten Lebenswoche vorgenommen. Hier ist also immer die Möglichkeit offen, ja wahrscheinlich, daß auch aus der Ziegenmilch Antitoxin resorbiert wurde, daß es aber — weil an artfremdes Eiweiß gebunden — in der vierten Woche, d. h. zu einer Zeit, wo des Alters halber eine Neu-Resorption nicht mehr vor sich ging, wieder aus dem Blute ausgestoßen war.

Somit kann auch die neue Salgesche Arbeit nicht beweisend sein für seine Ansicht, daß zur Resorption des Antitoxins seine Bindung an homologes Eiweiß nötig ist.

Dem Anscheine nach also besteht der Ausspruch Römers darnach noch zu Recht, mit dem er seine letzte Arbeit schließt:

»Die praktisch wie theoretisch so bedeutungsvolle, von mir zuerst behauptete Tatsache, daß sich der Magendarmkanal neugeborener Individuen hinsichtlich der Resorption von genuinem Eiweiß und damit auch unverändertem Antitoxin anders verhält, als der älterer und ausgewachsener Individuen, kann jedenfalls von jetzt ab als feststehend betrachtet werden.«

Allein in dieser allgemeinen Fassung kann dieser Satz nicht mehr aufrecht erhalten werden. Römer hat, weil er die Resorption von Antitoxin sah, das, allen Erfahrungen nach, stets an genuines Eiweiß geknüpft ist, geglaubt, von irgendwie umfänglicheren Mengen von genuinem Eiweiß würden stets gewisse Teile vom Intestinaltrakt des Neugeborenen unverändert resorbiert. Als die (an früherer Stelle zitierte) Arbeit[1]) von Ganghofner und Langer erschien, faßte er sie »als eine wertvolle Stütze seiner Angaben« auf.

---

1) Sie und die Hamburger-Sperksche Arbeit sind bisher überhaupt die einzigen gewesen, die den Übergang genuinen Eiweißes beim Neugebornen planmäßig verfolgten. Denn bei den Antitoxinversuchen war ja stets nur das Antitoxin, niemals das Eiweiß, an das es vermutlich gebunden ist, nachgewiesen worden.

Sehen wir aber nun einmal die Ergebnisse meiner Untersuchungen an:

1. der spezifische Antikörper des hämolytischen Serums wurde nie resorbiert,

2. Kasein wurde nie resorbiert,

3. Hühnereier-Eiweifs wurde nur ausnahmsweise, bei 3 schwächlichen Tieren eines Wurfes, sonst nie resorbiert,

4. Diphtherie- und Tetanus-Antitoxin wurden (mit einer einzigen Ausnahme) stets resorbiert.

Am allerauffälligsten ist die Divergenz der Ganghofner-Langerschen und unserer Resultate bei der Verfütterung von Eiereiweifs. Zwar dachte ich zuerst, es seien vielleicht durch die von Ganghofner-Langer verwandte Fütterungsmethodik (mittelst Tubensonden) ihre Resultate beeinflufst worden, und am jungen Meerschweinchen wenigstens setzte diese Methode immer Verletzungen, sogar ziemlich grober Art (von Ganghofner und Langer auch für das junge Kaninchen angegeben). Um ein sicheres Urteil gewinnen zu können, schien es mir aber doch angebracht, einige Fütterungsversuche mit Eiklar mittels meiner Methodik an einer auch von Ganghofner und Langer gebrauchten Tierart vorzunehmen — ich benutzte hiezu das neugeborene Kaninchen.

20. III. 1905. 2 zweitägige Kaninchen π I, 120 g schwer und π II, 110 g schwer, werden den Vormittag über mit 7 bzw. 6 g Eiklar gefüttert. Sie nehmen dasselbe sehr ungern (im Gegensatz zu den Meerschweinchen), aspirieren[1]) infolge des Sträubens hie und da eine Kleinigkeit in den Kehlkopf, erholen sich aber sofort wieder. Etwa 5 Stunden nach der letzten Fütterung Entblutung der Tierchen.[2]) Die Obduktion ergab ganz normale Verhältnisse. In den Mägen befanden sich noch reichliche coagulierte Massen weifsen klebrigen Inhaltes. Sehr starke Verdünnungen von ihnen,

---

1) Es ist nicht unwichtig dies zu bemerken, weil die Möglichkeit nicht ausgeschlossen ist, dafs das in den Kehlkopf und tiefer Aspirierte leicht resorbiert werden kann. (Vgl. Jacobs Tuberkulinversuche etc.)

2) Vorhergehende Desinfektion mit reichlich heifsem Wasser zur Entfernung etwa kleben gebliebener Eiweifsreste, dann Äther, Alkohol, Sublimat-Alkohol.

mit Eiklar-Antiserum versetzt, ergaben sehr umfängliche charakteristische
Niederschläge. Es war demnach offenbar noch eine Menge des verfütterten
Eiklars im Magen der Tiere selbst zurückgeblieben.

Von π I konnte bei der Obduktion auch Blasenurin ent-
nommmen werden, der mit dem Antiserum keinerlei Reaktion gab.

Die Untersuchung des Serums mit Eiklar-Antiserum (1:30000)
ergab bei beiden Kaninchen Präzipitate in fallenden Mengen, bei
π II weniger als bei π I. Wenn ich die früher angegebene Be-
rechnungsart zugrunde lege, würde das Tierchen π I ungefähr
$1/_{250}$ ccm Eiklar in seinem Gesamtblut gehabt haben, π II etwas
weniger. Wenn wir diese Zahl vergleichen mit denen, die bei
den positiven Meerschweinchen-Versuchen gefunden wurden, so
sehen wir trotz Verfütterung von bedeutend weniger Eiweiß (auch
im Magen war sicher noch eine große Menge desselben zurück-
gehalten) beim Kaninchen eine viel stärkere Resorption als selbst
bei den positiven Meerschweinchen-Versuchen.

Wir finden damit also beim Kaninchen sofort eine
Bestätigung der Befunde von Ganghofner und Langer.

Um die Zeit herum, wo durch die eben geschilderten Versuche die Ursache der bisher unerklärlichen Differenzpunkte in
meinen Befunden und denen anderer Autoren sich aufzuklären
begann, war gerade die interessante Arbeit von Ficker: ›Über
die Keimdichte der normalen Schleimhaut des Intestinaltraktus‹
erschienen. Ficker schilderte in derselben zahlreiche Versuche,
in denen er leicht nachweisbare Bakterien (B. prodigiosus, roter
Kieler B.) verfütterte, und bei jungen Tieren ganz kurze Zeit
nach der Verfütterung im Blut und fast allen Organen nachweisen
konnte. Die Untersuchungen waren so peinlich und exakt vorgenommen, daß die Herkunft der gefundenen Bazillen aus den
verarbeiteten Organen wohl sicher gestellt schien. Da die
Fickerschen Experimente meinen Bakterien-Fütterungsversuchen
(mit Micrococcus tetragenus und mit Milzbrandbazillen[1]) direkt

---

1) Die Sonderstellung der Tuberkel-Bazillen in dieser Hinsicht habe
ich ja an früherer Stelle betont.

widersprachen, unternahm ich, auch sie nachzuprüfen. Ich lasse die Versuche hier folgen:

I. 28. II. 1905. Meerschweinchen Ww I, 60 g schwer, $1^1/_2$ Tage alt, wird mit zwei dichtgewachsenen 24 stündigen Prodigiosus-Agar-Oberflächen mittels Glasöse gefüttert.

Während der Fütterung ist es in ein Leinentuch so eingefatscht, dafs es mit den Pfoten die an der Schnauze noch hängenden Prodigiosuskeime nicht an den Körper bringen kann.

In diesem Tuche bleibt es bis zur Tötung, die eine Stunde nach der Fütterung durch Strangulation schnell erfolgt, um Aspiration von Prodigiosus in die Lunge zu verhindern. Nach der Tötung wird die Schnauze in der Flamme völlig verkohlt, dann das ganze Tier nach vorherigem Abrasieren und Desinfizieren der Brust- und Bauchhaut mit sterilen Instrumenten vom Diener völlig abgebalgt. Hierauf wird es mit Lysollösung übergossen und auf ein steriles Brett aufgenagelt. Die Fütterung des Tieres, die Tötung und Abbalgung und Verarbeitung der Organe werden zur sicheren Vermeidung der Luft-Infektion in drei Laboratorien in drei verschiedenen Stockwerken vorgenommen. Zur Verarbeitung selbst werden eine grofse Anzahl trocken sterilisierter[1]) Instrumente benutzt, für jedes Organ neue. Die Organe selbst werden erst zerschnitten und dann in sterilen Mörsern (zunächst ohne Bouillonzusatz) verrieben. Es werden die kleinen Organe zur Impfung der Bouillonröhrchen völlig verbraucht, von den grofsen verschieden umfängliche Stücke. Die Bouillonröhrchen werden 10 Tage lang bei einer Temperatur von 22^0 beobachtet, überall, wo Bakterien-Wachstum zu sehen ist, wird auf Platten weiter geimpft. Zu jedem Versuch wird $1—1^1/_2$ l Bouillon benutzt. — Das Ergebnis dieses ersten Meerschweinchen-Experimentes war ein absolut negatives. Während der Bacillus prodigiosus bis tief hinunter in den Dickdarm nachweisbar war, enthielten 28 Bouillonröhrchen und 8 Bouillonkölbchen von beiden Nieren, beiden Lungen, Leber, Milz, Mesenterialdrüse, Herzblut, keine Prodigiosuskeime.

---

1) Nur beim ersten Meerschweinchenversuch ausgekochter

II. 7. III. 1905. Meerschweinchen Xx I, 46 g schwer, unter 2 Tage alt, mit zwei dichtgewachsenen 24 stündigen Prodigiosus-Agaroberflächen gefüttert. Tötung nach 1 Stunde.

Die Versuchsanordnung war genau die gleiche.

21 Bouillonröhrchen und 8 Bouillonkölbchen aus beiden Lungen, Leber, beiden Nieren, Mesenterialdrüse, Herzblut und Milz und zahlreiche von diesen angelegte Agarkulturen, zeigten nirgends Prodigiosuskeime, während dieselben reichlich bis in die tiefsten Darmabschnitte hinunter nachweisbar waren. — Es ergab sich also ein absoluter Gegensatz zu den Fickerschen Untersuchungen. Da Ficker keine Meerschweinchen benutzt hatte, und nachdem ich eben durch die positiven Eiweiß-Fütterungs-Experimente beim Kaninchen überrascht worden war, nahm ich nun die gleichen Versuche mit Prodigiosus mit genau gleicher Versuchsanordnung an Kaninchen vor.

III. 28. III. 1905. Junges Kaninchen ϱ I, 43 g schwer, wenige Stunden alt, wird mit zwei gut gewachsenen 24 Stunden alten Prodigiosus-Agaroberflächen gefüttert. Nach 1 Stunde Tötung durch Strangulation.

Mit dem Blut und den verschiedenen Organen werden 9 Bouillonkölbchen und 18 Bouillonröhrchen beschickt, von diesen wird noch auf Agarplatten weitergeimpft.

Resultat: Es gelingt, in Leber, rechter Niere, rechter und linker Lunge, sowie Herzblut Prodigiosus nachzuweisen, ebenso im Darminhalt bis nahe dem After.

IV. Junges Kaninchen ϱ II, 45 g schwer, Geschwister des vorigen, ¹/₂ Tag alt, wird mit zwei gutgewachsenen Prodigiosus-Agaroberflächen gefüttert.

Nach 1 Stunde Strangulation.

Mit dem Blut und Organen werden 10 Bouillonkölbchen und 22 Bouillonröhrchen beschickt. Weiterimpfung auf Agarplatten.

Resultat: Es gelingt, im Herzblut, beiden Nieren und beiden Lungen Prodigiosus nachzuweisen, ebenso im Darminhalt bis nahe dem After.

Es zeigten also die an Kaninchen vorgenommenen Fütterungsversuche mit dem B. prodigiosus (im Gegensatz zu den Meerschweinchen-Versuchen) ebenso positive

Resultate wie die kurz vorher vorgenommene Verfütterung vom Eiklar.

Hierdurch ist einerseits eine vollständige Bestätigung der
Befunde von Ficker wie von Ganghofner und Langer gegeben und anderseits der exakte Beweis geliefert, daſs der
Magendarmkanal des neugebornen Meerschweinchens sich
sowohl den genuinen Eiweiſskörpern wie den Bakterien
gegenüber anders verhält wie der des nahe verwandten
Kaninchens[1]) und der anderer entfernter stehender Tierarten.

Damit ist also die Anschauung der Marburger Schule
widerlegt, daſs jegliches neugeborne Individuum (Säuge-
tier ist wohl bei dem oben zitierten Römerschen Satz gemeint)
einen für Eiweiſsstoffe [und Bakterien] durchgängigen
Magendarmkanal hat. Nun wäre aber nach all den negativen
Versuchen mit den geprüften nativen Eiweiſskörpern zu erwarten
gewesen, daſs auch die Antitoxine nicht vom Intestinaltrakt des
Meerschweinchens durchgelassen würden — insoferne man die
bis jetzt fast allgemeine Ansicht teilt, daſs sie an natives Eiweiſs
untrennbar gebunden sind.

Das Passieren dieser Stoffe durch die Plazentarwand
hält Römer für eine pathologische Erscheinung, die er durch
die irritierende Wirkung des heterologen Serums erklärt. Ohne
diese Ansicht, daſs gerade das heterologe Serum es ist, was
die pathologischen Erscheinungen hier auslöst, damit unbedingt
zu teilen, stelle ich nun die Frage: Sollte nicht auch der
Durchgang der nativen Eiweiſsstoffe durch die Magen-

---

1) Ich mache übrigens darauf aufmerksam, daſs auch der Intestinaltrakt
des älteren Kaninchens offenbar eine gewisse Neigung hat, Bakterien
durchtreten zu lassen (Ficker, Klimenko u. a.). Tiere, bei denen im
Experiment eine solche Durchlässigkeit des Darmes konstatiert wurde,
muſsten nach dem Obduktionsbefund z. T. als ganz normal bezeichnet
werden; und es blieb den Autoren weiter nichts übrig, als an mikroskopische
Läsionen im Darm derselben zu glauben, wenn auch für das Kaninchen der
Satz Geltung behalten sollte, daſs bei vollkommen gesunden erwachsenen
Tieren die unverletzte Darmwand für Mikroorganismen stets undurch-
gängig ist.

darmwand des Meerschweinchens eine pathologische Erscheinung sein?[1])

Wenn ja, haben wir Anhaltspunkte, irgend einen Stoff für
die Ursache eines 'solchen pathologischen Vorganges halten zu
können? Da muſs ich auf gewisse Erscheinungen aufmerksam
machen, die mir bei den Fütterungen mit den verschiedenen
Heilseris auſserordentlich auffielen.

Während das hämolytische Serum, die Milch, das Eierklar
von den jungen Meerschweinchen gerne und ohne vieles Sträuben
geschluckt wurde, nahmen sie gerade die Heilsera mit groſsem
Widerwillen. Ich gehe sicherlich nicht fehl, wenn ich als Ursache den zur Konservierung zugesetzten Karbolsäuregehalt
beschuldige. Dennoch blieb den Tierchen nichts anderes übrig,
als die ins Maul getropfte Flüssigkeit zu schlucken. Ein Würgen
oder Erbrechen findet ja, wie auch kürzlich Emmerich betont
hat, beim Meerschweinchen nicht statt. Ich erlebte nun regelmäſsig (und habe nie versäumt, meinen Mitarbeitern am Institut
dies zu demonstrieren) nach der Verfütterung der karbolsäure-
haltigen Sera eine eigenartige Krankheitserscheinung bei den
gefütterten Tierchen. Wenige Minuten nach der Eingabe des
Serums legten sie sich platt auf den Bauch und machten eigentümliche scharrende Bewegungen mit den Hinterbeinen (es waren
nicht etwa klonische Krämpfe): man hatte völlig den Eindruck,
als ob die Tiere an Koliken litten, und durch diese Bewegungen
sich Erleichterung schaffen wollten. Dabei hatten die Tierchen
öfters kühle Ohren, also Zustände, die etwas an Kollaps erinnern.
Daſs es sich nicht um Aspirationserscheinungen gehandelt haben
kann, geht daraus hervor, daſs ich bei den regelmäſsig vorgenommenen Obduktionen oft gar keine Veränderung in den
Lungen sah; wenn ich pneumonische Herdchen fand, so waren
sie nicht zahlreicher und umfangreicher als bei Verfütterung

----

1) Diese Frage gewinnt um so mehr Berechtigung, wenn man — wie
Polano — aus der Ähnlichkeit des placentaren Zotten- und Darmepithels
Ähnlichkeiten in ihrem physiologischen (und natürlich auch pathologischen)
Verhalten schlieſst.

anderer Körper.[1]) Auch erholten sich die Tiere ziemlich rasch wieder. Wenn ich die Tötung verhältnismäfsig schnell nach der Verfütterung vornahm, so zeigten sich die Mägen noch prall angefüllt von Flüssigkeit, also waren sicher Störungen in der motorischen Funktion des Organs vorhanden. Bei Verfütterung anderer Flüssigkeiten dagegen war die Entleerung des Magens eine viel schnellere. Dafs ich Kontrollversuche anstellte mit Normalserum allein und mit Normalserum, dem eine entsprechende Karbolsäuremenge beigemengt war, ist wohl selbstverständlich. Es zeigte sich, dafs wirklich die Karbolsäure es war, welche die geschilderten klinischen Erscheinungen verursachte. Ich glaubte zunächst, vielleicht auch ein pathologisches Substrat derselben durch die anatomische Untersuchung der Mägen finden zu können. Makroskopisch zeigte sich nichts, bei der mikroskopischen Durchforschung vieler Serien meinte ich in der Tat anfangs Epithelveränderungen zu sehen. Als ich aber die empfindlichen Mägen vor der Fixierung auf Kork aufspannte und dadurch jede Berührung mit der Glaswand vermied, konnte ich keine Unterschiede mehr finden zwischen denen, die karbolsäurehaltige Medien enthalten hatten und den anderen.

Ich bin nach dem Dargelegten überzeugt, dafs die Karbolsäure vorübergehende Vergiftungserscheinungen bei den jungen[2]) mit Heilseris gefütterten Meerschweinchen erregt. Es liegt nahe, daran zu denken, dafs durch diese Erscheinungen Veränderungen gesetzt werden, die den Durchtritt des Antitoxins durch die Magendarmwand begünstigen. Behaupten möchte ich es nicht, denn es fehlt an den sicheren Beweisen; aber ich mufs gestehen, dafs ich Versuche mit antitoxischen Seris, denen kein Konservierungsmittel beigesetzt ist, für recht wünschenswert hielte. (Dafs auch

---

1) Absolut lassen sich bei dem Einfliefsen in das Maul gelegentliche Aspirationsherdchen nicht vermeiden. Diese kleine Fehlerquelle (vgl. hierzu Fickers zweite Arbeit), welche meine Technik mit sich bringt, ist aber gewifs annehmbarer als diejenige, welche bei jeder anderen Art von Fütterung (durch Sonde beispielsweise) infolge der nicht zu umgehenden Epithelverletzungen entstehen.

2) Meinen Versuchen am alten Meerschweinchen nach treten bei diesen die genannten Vergiftungserscheinungen nicht auf.

die anderen Autoren gleich mir mit konservierten Seris gearbeitet haben, hat alle Wahrscheinlichkeit für sich.)

Die besondere Ausnahmestellung, die der Antitoxinübergang bei dem für die nativen Eiweifskörper sonst undurchlässigen Meerschweinchen-Intestinum einnimmt, verdiente gewifs der Aufklärung. Bei den anderen Tieren, den Hunden, Kaninchen, Kätzchen, Zickeln usw. scheinen nach den öfters zitierten Untersuchungen geänderte physiologische Verhältnisse vorzuliegen. Diese können kaum in anderen vitalen Vorgängen zu suchen sein als in denen der Magen- und Darmsaftsekretion[1]).

Besonders Gmelin hat in zwei Arbeiten gezeigt, dafs bei jungen Hunden der Magensaft in den ersten Wochen noch eine recht ungenügende Zusammensetzung hat. Gegenüber Cohnheim und Soetbeer, die psychischen Magensaft von saurer Reaktion fanden, betont er neuerdings, dafs diese Autoren dadurch getäuscht worden seien, dafs sie den Magensaft mit Nélaton- und Gummikathetern aspirierten, diese Katheter aber eine Säure enthalten, welche die Günzburgsche Probe positiv verlaufen läfst. Gmelin hält nach seinen erneuten Versuchen daran fest, dafs in den ersten Wochen sich Milchsäure im Magen des Hundes finde, aber keine Salzsäure[2]). Seiffert betont in seinem Milchwerk das Fehlen der Pepsinbildung beim Neugeborenen. Dafs bei so ungenügenden Sekretionsverhältnissen kleine Mengen eingeführter Eiweifskörper der Denaturierung entgehen und somit unverändert zur Resorption gelangen können, ist leicht verständlich.

Ob aber die Gmelinschen und die anderen Untersuchungen für das Meerschweinchen zutreffen, mag füglich bezweifelt werden. Das Meerschweinchen verhält sich in seinen ersten Lebenstagen ganz anders wie unsere übrigen Laboratoriumstiere. Es ist bereits reich behaart, selbständig, frifst

---

1) Auf etwaige anatomische Gründe, die bei den Neugebornen den Eiweifs- und Bakterienübertritt verursachen könnten (Disse), komme ich im Anhang II zurück.

2) Über die Salzsäure-Sekretion beim Menschen habe ich bereits in der Einleitung ausführlicher gesprochen.

vom ersten Lebenstag an Gras, Heu und Rüben, wie ich mich
bei vielen Sektionen überzeugen konnte, und es vermag, ganz früh
von der Mutter getrennt, ohne deren wärmeverleihenden Schutz
und ohne die Muttermilch zu gedeihen. Wie anders beispielsweise die Maus oder das Kaninchen. Sie sind blind, fast unbe-
haart, völlig hilflos und bleiben nur, wenn sie an der Mutter
saugen können, am Leben.

Die Ausnahmestellung, die ich für das Meerschweinchen bezüglich seines Intestinaltraktus nachgewiesen
habe, ist mit dem eben Gesagten auch wohl begründet.

Aber diese Ausnahmestellung lehrt uns auch, wie sehr vorsichtig wir sein müssen, wenn wir von unseren Tierexperimenten
auf den Menschen zurückschliefsen wollen. —

Aus allen unseren Versuchen am Corpus vile des Tieres
wollen wir ja in letzter Instanz nur Lehren ziehen für das Verständnis physiologischer und pathologischer Vorgänge beim
Menschen.

Was lehren nun die vorliegenden Untersuchungen
für den Menschen? Ein absolutes Urteil, inwieweit die am
Meerschweinchen erzielten Resultate auf den Menschen übertragen
werden können, wird sich nicht fällen lassen. Denn nachdem
sich bei zwei verwandtschaftlich so nahestehenden Tieren wie
Meerschweinchen und Kaninchen so differente Verhältnisse des
Intestinaltraktes ergeben haben, wird man eigentlich der Ansicht
sein müssen, dafs Rückschlüsse auf den phylogenetisch so weit
entfernten Menschen überhaupt unmöglich sind. Jedenfalls liegt
der Sachverhalt nicht so einfach, wie Römer es für den plazentaren Antitoxinübergang annimmt, dafs dieser um so eher zu erwarten sei, je weiter ein Tier stammesgeschichtlich von dem
antitoxinliefernden Individuum entfernt ist. Der Beweis hierfür
ist eben der tiefgreifende Unterschied zwischen Meerschweinchen
und Kaninchen. Es werden andere Verhältnisse in Betracht
kommen, und zwar wird es wohl hauptsächlich die Selb-
ständigkeit des Magendarmkanals sein, welche ausschlag-
gebend ist für Resorptionsmöglichkeit oder -Unmöglichkeit der
nativen Eiweifse.

Der menschliche Säugling gedeiht — wie ja gerade wir Kinderärzte immer wieder betonen müssen — am besten an der Mutterbrust, aber wir sehen nicht selten, daſs bei der künstlichen Ernährung mit Kuhmilch, ja sogar bei einer ganz unzweckmäſsigen Ernährung, welche derjenigen der Erwachsenen ähnelt, Kinder vorwärts kommen und nicht erkranken. Dies beruht offenbar darauf, daſs eben dem Magen des menschlichen Säuglings schon eine gewisse Stärke in der zur Assimilation notwendigen Denaturierung des artfremden Eiweiſses zukommt. Aus diesem Grunde neige ich dazu, anzunehmen, daſs die Verhältnisse des Intestinaltraktes beim Menschen mehr denen des bei der Geburt unabhängigen Meerschweinchens ähneln als denen des hilflosen Kaninchens. Eine gewisse Stütze findet diese Anschauung auch durch die Übereinstimmung der experimentellen Resultate beim Meerschweinchen und Menschen, soweit Versuche der intra- und extrauterinen Antitoxin-Übertragung vorliegen.

Ich will mich indes nicht mit zu groſser Bestimmtheit hierüber aussprechen. Meine Versuche, die eine solche Spezialstellung unseres bevorzugtesten Laboratoriumstieres ergeben haben, mahnen vielmehr zur Vorsicht und zu weiser Beschränkung bei der Verallgemeinerung der am Tierkörper erhaltenen Resultate.

Einen einzigen Punkt der Behringschen Anschauungen muſs ich noch kurz berühren, nämlich die rein physikalische Vorstellung, daſs die Schleimhäute der Erwachsenen als dialysierende Membranen fungieren, die der Jungen hingegen wie groſsporige Filter sich verhalten.

Schon Brücke hat betont, und nach ihm haben Voit und Bauer es wiederum ausgesprochen, daſs die Aufnahme der Stoffe in den Darm nicht ausschlieſslich, ja nicht einmal vorzüglich durch Osmose bewirkt wird, sonst könnten Magen und Dünndarm nicht nacheinander Stunden leer sein, sondern würden schlieſslich eine Flüssigkeit von der Zusammensetzung des Blutserums enthalten, die dann regelmäſsig mit dem Kot abgehen müſste. Auch Neumeister konstatiert in seinem Lehrbuch der phys. Chemie, daſs die physikalische Auffassung der Resorption als einer einfachen Diffusionserscheinung gänzlich verlassen

wurde. »Die Aufnahme der Nahrungsstoffe seitens der Darmwand scheint vielmehr in der Hauptsache durch eigentümliche
vitale Vorgänge in den Zellen der Darmschleimhaut zu ge-
schehen (Hoppe-Seyler), welche in letzter Instanz auf chemische
Affinitäten zurückgeführt werden müssen (R. Heidenhain).«
»Daſs bei der Resorption die Osmose nicht das Wesentliche ist,
geht schon daraus hervor, daſs sogar ungelöste Substanzen, wie
die Fetttröpfchen, zur Aufsaugung gelangen. Ferner ist durch
eingehende Versuche festgestellt, daſs nicht einmal das Wasser,
sowie die Salze bei ihrem Verschwinden aus dem Darmkanale
den Diffusionsgesetzen folgen.«

Diesen Anschauungen der Physiologen, die uns freilich auch
nicht völlig befriedigen können, da sie eine letzte Erklärung des
»Wie und Was« der vitalen Vorgänge in den Zellen nicht geben
— verleihen unsere Befunde am Intestinaltrakt neugeborener
Meerschweinchen eine wertvolle Stütze. Obwohl grob anatomisch
und mikroskopisch von gleichem Bau wie der Magendarmkanal
anderer Tiere, unterscheidet er sich in seinem Verhalten den
genuinen Eiweiſskörpern und Bakterien gegenüber so auſserordentlich von diesem. Da kann also von physikalischen Gründen
keine Rede sein, wir müssen vielmehr nach solchen physiologischer Natur suchen, und diese werden wir vermutlich ebenso
in Verschiedenheiten des Sekretes der Magendarmdrüsen
und in Unterschieden ihrer vitalen Zelltätigkeit bei den
verschiedenen Spezies finden, wie sie für das neugeborene resp. ältere Tier sich bereits ergeben haben.

Anhang I.

Toxinverfütterung.

Bei den vielen Fütterungsversuchen mit Antitoxinen
lag es nahe, auch die Toxine selbst zum gleichen Zweck mit
heranzuziehen, wenngleich sie wohl keine genuinen Eiweiſs-
körper sind.

Oppenheimer faſst den Stand unserer heutigen Kennt-
nisse über sie zusammen, indem er sie als hochmolekulare Körper

bezeichnet, den Eiweifsstoffen wahrscheinlich verwandt, mit ihnen in gewissen Eigenschaften korrespondierend, besonders nahestehend aber den ebenfalls in ihrer Konstitution noch völlig rätselhaften Fermenten. Den letzteren sind sie auch in ihrer Diffusibilität nahe verwandt. Insbesondere ist für sie charakteristisch, dafs sie leicht durch Dünndarm hindurch diffundieren (Chassin und Moussu).

Aus diesen Gründen gebe ich die Versuche nur anhangsweise.

Zwei Experimente mit dem Paltaufschen Diphtheriegift (Dos. let. 0,02; L + 0,45) verliefen völlig negativ. Das eine Neugeborene (H IX, 120 g schwer, $1^1/_2$ Tag alt) erhielt 0,75 ccm, das zweite (Ji I, 60 g schwer, $3^1/_2$ Tag alt) 3,75 ccm des Giftes, also Dosen, welche bei der Einspritzung ca. 40 resp. 190 Meerschweinchen von 250 g getötet hätten. Sie blieben ganz gesund. Die Obduktion am 4. resp. 6. Tag nach der Fütterung ergab vollkommen normale Verhältnisse. Wegen Mangels an Gift habe ich diese Versuche nicht fortsetzen können.

Mit dem Paltaufschen Tetanus-Toxin, von dem 1 g bei der ersten Prüfung 7500000 g Mausgewicht tötete, sind die folgenden Fütterungen angestellt.

Bei neugeborenen Mäusen erhielt ich kein Resultat. Es gelang wohl, ihnen einen Tropfen einer konzentrierten Giftlösung ins Maul zu bringen, aber die Mausmutter frafs die berührten Jungen kurz darnach auf.

Von 8 Fütterungsversuchen an neugeborenen Meerschweinchen hatten 7 entweder ein negatives oder ein zweideutiges Resultat. Bei einigen Versuchsreihen traten nämlich bei den mit dem zu prüfenden Meerschweinchen-Serum injizierten Mäusen vorübergehende Erkrankungen, ja einzelne Todesfälle auf — aber nie waren irgendwie ausgeprägte Krampferscheinungen zu beobachten.

Bei dem achten mit Tetanustoxin gefütterten Jungen dagegen liefs sich ein Übertritt des Giftes ins Blut nachweisen.

15. XII. 1904. Junges Gg II, 65 g schwer, $1^1/_2$ Tage alt, erhält per os 5 ccm einer wenige Tage alten Tetanusgiftlösung, demnach eine Dosis, die bei der Injektion für 275000 g Mausgewicht tödlich war.

Entblutung 3 Stunden nach der letzten Fütterung.

Prüfung (17. XII. 04):

Versuchstier	Gewicht	Injizierte Dosis	Verlauf
Ms 119	15 g	0,02 ccm Serum Gg II	18. XII. sehr mobil; bis 25. XII. stets mobil geblieben. An diesem Tag Beobachtung abgebrochen.
Ms 120	15 g	0,03 ccm Serum Gg II	bis 25. XII. stets mobil geblieben. An diesem Tag Beobachtung abgebrochen.
Ms 121	17 g	0,05 ccm Serum Gg II	18. XII. } sehr mobil 19. XII. } 20. XII. ziemlich mobil 21. XII. Mobilität etwas beeinträchtigt 22. XII. Ebenso; geht breitbeinig 23. XII. Geht breitbeinig, Streckkrampf angedeutet 24. XII. Ebenso 25. XII. Noch breitbeinig, aber wieder beweglicher 26. XII. Ziemlich beweglich Bis 15. I. 05 beobachtet. Erscheinungen nach und nach langsam zurückgegangen.
Ms 122	15 g	0,1 ccm Serum Gg II	18. XII. } sehr mobil 19. XII. } 20. XII. Ziemlich mobil 21. XII. Geht mit sehr breiten Hinterbeinen 22. XII. Linkes Hinterbein zeigt schwachen Streckkrampf 23. XII. Mäfsiger Streckkrampf 24. XII. Ebenso. Maus kann sich, auf den Rücken gelegt, nur schwer umdrehen 25. XII. Wieder beweglicher 26. XII. Ziemlich beweglich Bis 15. I. 05 beobachtet. Bis dahin alle Erscheinungen langsam zurückgegangen.
Ms 123	15 g	0,15 ccm Serum Gg II	18. XII. } sehr mobil 19. XII. } 20. XII. ziemlich mobil 21. XII. Geht mit breiten Hinterbeinen 22. XII. Linkes Hinterbein zeigt etwas Streckkrampf 23. XII. Streckkrampf sehr deutlich. Sehr erschwerte Mobilität 24. XII. Mittags sterbend. Die Hinterbeine in starkem Streckkrampf. Obduktion: Sehr grofse Milz.

Ich glaube nicht, daſs man hier daran zweifeln kann, daſs die Erkrankung resp. Tod der Versuchstiere durch Tetanusgift hervorgerufen wurde. Diese Feststellung ist deshalb interessant, weil man bisher annahm, daſs Toxine vom normalen Intestinaltraktus nicht resorbiert werden können.

Nencki und Schoumow-Simanowski fanden an erwachsenen Tieren, daſs nur bei Verfütterung von mehr als 100000fach letalen Dosen schlieſslich Vergiftungserscheinungen auftreten.

Während Ransom annahm, daſs das aufgenommene Tetanustoxin sich unverändert im Kote wiederfinde, glauben Nencki und seine Mitarbeiter, sowie Repin und Carrière, daſs die Bakteriengifte schnell nach der Einführung in den Magendarmkanal zerstört werden, wobei die peptischen und tryptischen Fermente scheinbar eine viel bedeutendere Rolle spielen als die Säure.

Von groſsem Interesse ist die kürzlich durch Aladár Schütz an der Breslauer Kinderklinik gemachte Feststellung, daſs die Eigenschaft des Magensaftes, Diphtherietoxin zu entgiften, bei Säuglingen individuell verschieden und unabhängig von Alter, Ernährung und Ernährungszustand des Kindes ist. Solche individuelle Verschiedenheiten geben vielleicht auch die Erklärung, weshalb nur ein sicher positiver Fütterungsversuch den übrigen negativen resp. zweifelhaften gegenüber steht.

In neuerer Zeit hat auch Schmidlechner den Übergang der Toxine von der Mutter auf die Frucht experimentell festgestellt. Ich glaube aber, daſs gerade bei den Bakteriengiften ein Vergleich zwischen plazentarem und intestinalem Übergang nicht angebracht sein dürfte, weil eben die Toxine (ich erinnere hier an v. Behrings Deutung des Ransomschen Fohlenversuches) wie die übrigen Organe so auch die Plazenta des vergifteten Muttertieres schädigen werden.

Anhang II.
Anatomische Untersuchungen der Mägen Neugeborener nach der Disseschen Methode.

von Behring hat die generell von ihm behauptete Durchlässigkeit des Magendarmkanales Neugeborner für genuine Eiweifse und Bakterien anfänglich zurückgeführt auf Unterbrechungen
der Schleimschicht im Magen derselben. Er stützte sich dabei
auf eine Veröffentlichung des Marburger Anatomen Disse aus
dem Jahre 1903 und stellte, als diese, insbesondere von Benda
angegriffen wurde, im 5. Heft seiner Beiträge zehn neuerdings
von Prof. Disse redigierte Sätze auf, die im wesentlichen darin
gipfelten, dafs bei neugeborenen Tieren (mit Ausnahme des
Kaninchens) und Menschen keine ununterbrochene Schleimschicht
der Magenepithelien vorhanden ist.   Paul Reyher hat nach
Untersuchungen aus der Berliner Universitätskinderklinik für den
Menschen neuerdings im vollen Gegensatz zu Disse »eine
lückenlose, das Gewebe vollständig vom Magenlumen trennende
Schleimlage« nachweisen können, und zwar nicht nur für den
Neugeborenen, sondern schon für den älteren Fötus.   Er findet
sich dabei in voller Übereinstimmung mit Benda, Toldt,
Fischl, Schmidt und Sacerdotti.[1]   Es dürfte deshalb
vielleicht überflüssig erscheinen, meine Befunde am Meerschweinchen noch aufzuführen, um so mehr, als die letzten
Veröffentlichungen der Marburger Schule von diesen anatomischen Unterschieden der Mägen neugeborener und älterer
Individuen nicht mehr viel sprechen.   Da ich aber eine sehr
grofse Anzahl mikroskopischer Schnitte untersucht habe, und
da ja aufserdem meine Experimente weitgehende Differenzen
in der Durchlässigkeit des Intestinaltraktus Neugeborner bei verschiedenen Spezies ergeben haben, ist eine kurze Wiedergabe
meiner Befunde wohl gerechtfertigt.

Ich habe den Disseschen Anforderungen gemäfs »viele
gröfsere Schleimhautstücke an Schnittreihen« untersucht und
habe mich in der Technik (Konservierung in Zenkerscher

---

1) Bezüglich der Literatur kann ich auf die eingehende Reyhersche
Arbeit selbst verweisen.

Flüssigkeit, Bendasche Eisen-Hämotoxylin-, dann Säure-Rubin-Färbung) vollkommen nach seinen Angaben gerichtet.

Untersucht wurden:

1. Magen des 3 Tage alten Tieres n I, mit Axb gefüttert — ca. 2000 Schnitte von sämtlichen Gegenden des Organs.

2. Magen des 2 Tage alten Tieres p I, mit Axb gefüttert — über 600 Schnitte.

3. Magen des $2\frac{1}{2}$ Tage alten Tieres H VI[1]) — ca. 1000 Schnitte.

4. Magen des 3 Tage alten Tieres x II[1]) — über 120 Schnitte.

5. Eine geringere Anzahl Schnitte von den Mägen der über 24 Stunden alten Tiere o I und o II, mit Tb gefüttert.

Ganz einheitlich ging aus allen diesen Untersuchungen hervor, daß zwischen 24 Stunden und 3 Tagen nach der Geburt, einem Alter also, wo Antitoxine auch beim Meerschweinchen stets durch den Intestinaltrakt ins Blut gelangen, eine vollkommen lückenlose Schleimschicht die Epithelien des Magens nach seinem Lumen hin abschließt. Allerdings zeigte sich die Dicke dieser Schicht an verschiedenen Stellen verschieden stark, aber ohne daß auffallend große Unterschiede vorhanden waren.

Ich darf hier noch erwähnen, daß sich die Schleimschicht auch sehr gut an Präparaten sehen ließ, die zur Erkennung der Milzbrandbazillen (bei n I und p I) mit Löfflers Methylenblau gefärbt und dann vor der Einbettung durch Alkohol geführt waren, der mit (aus vorher behandelten Disse-Präparaten ausgezogenem) Säure-Rubin versetzt war. Hier stellte sie sich zartrosa, außerordentlich scharf abstechend von Methylenblau, dar.

Es ergab sich übrigens auch eine schwach rosa Tinktion der Schleimschicht, wenn nach der Ziehl-Neelsenschen Methode mit Karbolfuchsin und Methylenblau gefärbt worden war.

---

1) Diese beiden Jungen waren mit Diphtherie-Antitoxin gefüttert worden, ihr Serum hatte aber aus äußeren Gründen nicht zur Prüfung Verwendung finden können.

Literaturverzeichnis [1]).

1. von Behring, Tuberkulosebekämpfung. Vortrag usw. Marburg, Elwertsche Verlagsbuchhandlung. 1903.
2. Römer, Untersuchungen über die intrauterine und extrauterine Antitoxinübertragung von der Mutter auf ihre Deszendenten. Berl. kl. W., B. 38, 1901, Nr. 46.
3. Flügge. Zur Bekämpfung der Tuberkulose. Dtsch. med. W., 1904, Nr. 8, S. 269.
4. Orth, Über einige Zeit- und Streitfragen aus dem Gebiete der Tuberkulose. Berl. kl. W., 1904, S. 256, 301, 355.
5. Albrecht, Über Tuberkulose-Infektion. Wochenschr. f. Tierheilkunde und Viehzucht, 1903, Nr. 40—42.
6. B. Fränkel, Diskussion zu von Behrings Vortrag (8). Ref. in Deutsche med. W., Nr. 6, S. 226.
7. A. Baginsky, Diskussion, ebenda.
8. von Behring, Phthisiogenese und Tuberkulosebekämpfung. Dtsch. med. W., 1904, Nr. 6, S. 193.
9. von Behring Leitsätze betreffend die Phthisiogenese etc. Berl. kl. W., 1904, Nr. 6.
10. von Behring, Über alimentäre Tuberkuloseinfektionen im Säuglingsalter. Brauers Beiträge zur Klinik der Tuberkulose. Bd. 3, H. 2, S. 83.
11. Biedert, Ernährungstherapie bei Krankheiten der Kinder. S.-A. aus dem Handbuch der Ernährungstherapie und Diätetik von Leyden-Klemperer, Leipzig. Thieme.
12. Langermann, Untersuchungen über den Bakteriengehalt von auf verschiedene Art und Weise zur Kinderernährung sterilisierter und verschiedentlich aufbewahrter Nahrung, zugleich mit den Ergebnissen über ihr Verhalten im Magen selbst. Jahrb. f. Kinderheilk., Bd. 35, 1893, Seite 88.
13. Hamburger, Über die Wirkung des Magensaftes auf pathogene Bakterien. Zentralbl. f. klin. Mediz., 1890, Nr. 24, S. 425.
14. Kijanowsky, Zur Frage über die antimikrobischen Eigenschaften des Magensaftes. Wratsch, 1890, Nr. 40, S. 917 (zit. n. Langermann).

---

1) Die Autoren sind in der Reihenfolge angeführt, die der Erwähnung der einschlägigen Arbeiten im Text entspricht.

15. Seiffert, Zur Ätiologie der akuten Verdauungsstörungen der Säug. linge. Jahrb. f. Kinderheilk. 1891, Bd. 32, H. 4.

16. Kohlbrugge, Die Autosterilisation des Dünndarmes und die Bedeutung des Cöcum. Zentralbl. f. Bakt. 1901, Bd. 29, S. 571.

17. Jundell, Das Vorkommen von Mikroorganismen im Dünndarm des Menschen. Arch. f. klin. Chir., Bd· 73, H. 4.

18. van Puteren, Über die Verdauung der Säugekinder in den ersten zwei Lebensmonaten. Arb. d. Ges. der Kinderärzte in St. Petersburg.

19. Leo und Escherich, Beiträge zur Pathogenese der bakteriellen Magen- und Darmerkrank. Vortrag, Heidelberger Naturforscher und Ärzte-Versammlung 1889.

20. Heubner, Über das Verhalten der Säuren während der Magenverdauung des Säuglings. Jahrb. f. Kinderheilk., 1891, Bd. 32, H. 4.

21. Müller, Zur Kenntnis des Verhaltens von Milch und Kasein zur Salz- säure. Jahrb. f. Kinderheilk., 1892, Bd. 34, H. 4.

22. Metschnikoff, Recherches sur le choléra et les vibrions. Annales de l'Inst. Pasteur, 1894, T. VIII, p. 257 u. 529.

23. von Behring, Tuberkuloseentstehung, Tuberkulosebekämpfung und Säuglingsernährung. Beiträge zur exp. Therapie, H. 8, Berlin 1904. Hirschwald.

24. Falck, Über das Verhalten von Infektionsstoffen im Verdauungskanale. Virch. Arch., Bd. 93, 1883, S. 177.

25. Chauveau, Application de la connaissance de l'infection à l'étude de la contagion de la phthise pulmonaire etc. Bulletin de l'acad. de méd. 1868, T. 33, Nr. 22.

26. Klebs, Über die Entstehung der Tuberkulose und ihre Verbreitung im Körper. Virch. Arch., Bd. 44, 1868, S. 278.

27. Parrot, Vortrag in der Société méd. des hôpitaux. Ref. in Gazette hebdom. de méd. et de chir. 1869, Nr. 16, p. 252 u. Nr. 23, p. 363.

28. Spina, Studien über Tuberkulose. Wien 1883.

29. Johne, Die Geschichte der Tuberkulose etc. D. Zeitschr. f. Tiermed. u. vgl. Path., Bd. 9, 1883, S. 1.

30. Biedert, Die Tuberkulose des Darms und des lymphatischen Apparats. Vortrag, gehalten auf der Naturforscherversammlung zu Freiburg und seither ausgearbeitet. Jahrb. f. Kinderheilk., N. F., Bd. 21, S. 158.

31. Wesener, Kritische und experimentelle Beiträge zur Lehre von der Fütterungstuberkulose. Habilit.-Schrift, Freiburg 1885.

32. Nebelthau, Beiträge zur Entstehung der Tuberkulose vom Darm aus. Kl. Jahrb., Bd. 11, H. 4, 1903, S. 533.

33. Kossel, Weber und Heufs, Vergleichende Untersuchungen über Tuberkelbazillen verschiedener Herkunft. Tuberkulose-Arbeiten aus dem Kaiserl. Gesundheitsamte Berlin 1904, Springer.

34. Koch, Die Ätiologie der Tuberkulose. Berl. kl. W., 1882, Nr. 15.

35. Orth, Experimentelle Untersuchungen über Fütterungstuberkulose. Virch. Arch. 1879, Bd. 76, S 217.

36. Semmer, Über Übertragungsversuche der Tuberkulose. Dorpater med. Zeitschr., Bd. 6, 1877, S. 346, zit. nach Wesener.

37. Bollinger, Über Impf- und Fütterungstuberkulose. Arch. f. exp. Path. u. Pharm., Bd. 1, S. 380, 1873.

38. Abrikosoff, Über die ersten anatomischen Veränderungen bei Lungenphthyse. Virch. Arch., Bd. 178, H. 2, S. 173.

39. Cornet, »Die Tuberkulose« in Nothnagels spezieller Pathologie und Therapie. Wien 1899, Hölder.

40. Ribbert, Über gleichzeitige primäre tuberkulöse Infektion durch Darm und Lunge. Dtsch. med. W., 1904, Nr. 28, S. 1017.

41. Tendeloo, Lymphogene retrograde Metastasen von Bakterien etc. Münchn. med. W. 1904, Nr. 35, S. 1537.

42. Tendeloo, Lymphogene retrograde Tuberkulose einiger Bauchorgane. Münchn. med. W., 1905, Nr. 21, S. 988.

43. Buttersack, Wie erfolgt die Infektion des Darmes? Ztschr. f. Tuberk. Bd. 1, 1900, S. 297 u. 388.

44. Baumgarten, Lehrbuch der patholog. Mykologie. Braunschweig 1890, Bruhn.

45. Dobroklonsky, De la pénétration des bacilles tuberculeux dans l'organisme à travers la muqueuse intestinale. A. de méd. exp. etc. 1890. p. 253.

46. Tchistovitsch, Contribution à l'etude de la tuberculose intestinale chez l'homme. Annales de l'Inst. Pasteur, 1889, Nr. 5, p. 209.

47. Oppel, Lehrbuch der vergl. mikr. Anatomie der Wirbeltiere. Jena. Gustav Fischer, III. Teil, 1900.

48. Schmidt, F. Th., Das follikuläre Drüsengewebe der Schleimhaut der Mundhöhle und des Schlundes bei dem Menschen und den Säugetieren. Zeitschrift f. wiss. Zoologie 1863, Bd. 13, S. 221.

49. Drews, Zellvermehrung in der Tonsilla palatina beim Erwachsenen. Arch. f. mikr. Anat. 1885, Bd. 24, S. 338.

50. Wassermann, Maximilian, Beitrag zur Kenntnis der Infektionswege bei Lungentuberkulose. Berl. kl. W. 1904, Nr. 48, S. 1242.

51. Ito, Untersuchungen über die im Rachen befindlichen Eingangspforten der Tuberkulose. Berl. kl. W., 1903, S. 27.

52. Starck, Der Zusammenhang von einfachen, chron. und tub. Halsdrüsenschwellungen mit kariösen Zähnen. Beitr. z. klin. Chir. 1896, Bd. 16, S. 61.

53. Körner, Über die Beziehungen der Erkrankungen der Zähne zu den chronischen Schwellungen der regionären Lymphdrüsen. Inaug.-Diss. Halle 1896.

54. Partsch, Erkrankungen der Zähne und der Lymphdrüsen. Odontol. Blätter 1899.

55. Westenhöffer, Über die Wege der tuberkulösen Infektion im kindlichen Körper. Berl. kl. W, 1904. S. 153 u. 191.

56. Kassowitz, Kinderkrankheiten im Alter der Zahnung. Wien. Deuticke, 1892.

57. **Baumgarten**, Über die Übertragbarkeit der Tuberkulose durch die Nahrung und über Abschwächung der pathogenen Wirkung der Tb durch Fäulnis. Zentralbl. f. klin. Med. 1884; Bd. 5, Nr. 2.

58. **von Behring**, Tuberkulose. Behrings Beiträge etc. H. 5, 1902. (S. 11).

59. **Grawitz**, Die Eingangspforten der Tuberkelbazillen und ihre Lokalisationen im Menschen. Dtsch. med. W., 1901, Nr. 41, S. 711.

60. **Perez**, Über das Verhältnis des Lymphdrüsensystems den Mikroorganismen gegenüber. Zentralbl. f. Bakt. 1898, Bd. 23, S. 404.

61. **Schill und Fischer**. Mitt. aus dem Kaiserl. Gesundheitsamte, Bd. 2. S. 135, zit. nach Wesener.

62. **Nicolas und Descos**, Passage des bacilles tuberculeux, après ingestion, dans les chylifères et le canal thoracique. Zentralbl. f. Bakt. Referate, Bd. 32, 1903. S. 306 (Autoreferat).

63. **Nicolas und Descos**, Der gleiche Titel. Journ. de Physiol. et de Pathol. génér. 1902, T. 4, Nr. 5, p. 910.

64. **Nicolas und Descos**, Passage d. b. t., après injection, de l'intestin dans les chylifères etc. Comptes rend. de la Soc. de Biol. 1902, Nr. 26, p. 987.

65. **Gessner**, Ist von Behrings Tuberkulosetheorie vom rein klinischen Standpunkt aus begründet? Zentralbl. f. innere Med. 1904, Nr. 31 u. 36.

66. **Gessner**, Über die paraportale Resorption bei Neugeborenen während der ersten Lebenstage. Münchn. med. W., 1904, Nr. 44, S. 1962.

67. **von Behring**, Kuhmilch als Säuglingsnahrung. Vortrag, gehalten am 17. II. 1905 in München. Kurzes Ref. in Münchn. med. W., 1905, Nr. 8, S. 386.

68. **Römer**, Tuberkelbazillenstämme. v. Behrings Beiträge, H. 6, 1903, (S. 53).

69. **Marcantonio**, Di alcune lesioni anatomiche prodotte da veleni tubercolari. Giorn. internaz. delle scienze mediche 1901, Bd. 23, S. 193.

70. **Auclair**, La sclérose pulmonaire d'origine tuberculeuse. Archives de méd. exp. et d'anat. path. 1900. T. 12. 1. Sér.

71. **Burdon-Sanderson**, Recent researches on tuberculosis. Edinburgh medical Journal, 1870, Bd. 15, S. 1.

72. **Ruge**, Einige Beiträge zur Lehre von der Tuberkulose. Inaug.-Diss. Berlin 1869.

73. **Klein**, The anatomy of the lymphatic system. The lung. London 1875.

74. **Friedländer**, Exp. Unters. über chron. Pneumonie und Lungenschwindsucht. Virch. Arch., Bd. 68, 1876.

75. **Schottelius**, Exp. Unters. über Wirkung inhalierter Substanzen. Virch. Arch., Bd. 73, 1878.

76. **Frankenhäuser**, Unters. über den Bau der Tracheobronchialschleimhaut. Inaug.-Diss. Dorpat. 1879 (71—76 zit. nach Arnold).

77. **Arnold**, Über das Vorkommen lymphatischen Gewebes in den Lungen. Virch. Arch. 1880, Bd. 80, H. 2, S. 315.

78. **Lüders**, Über das Vorkommen von subpleuralen Lymphdrüsen. Inaug.-Diss., Kiel 1892.

79. **Ribbert**, Über die Genese der Lungentuberkulose. Dtsch. med. W., 1902, Nr. 17, S. 301.

80. **Sawada**, Zur Kenntnis der hämatogenen Miliartuberkulose der Lungen. Dtsch. Arch. f. kl. Med., 1903, Bd. 76, S. 343.

81. **Bartel**, Die Infektionswege bei der Fütterungstuberkulose. Wiener kl. W., 1904, Nr. 15.

82. **Bartel**, Der gleiche Titel. Wiener kl. W., 1905, Nr. 7.

83. **Bartel und Spieler**, Der Gang der natürlichen Tuberkuloseinfektion beim jungen Meerschweinchen. Wiener kl. W., 1905, Nr. 9.

87. **Weichselbaum und Bartel**, Zur Frage der Latenz der Tuberkulose. Wiener k. W., 1905, Nr. 10.

85. **Bartel und Stein**, Zur Biologie schwach virulenter Tuberkelbazillen. Zentralbl. f. Bakt. 1905, Bd. 38, H. 2—4.

86. **Manfredi und Viola**, Der Einfluß der Lymphdrüsen bei der Erzeugung der Immunität gegen ansteckende Krankheiten. Ztschr. f. Hyg. 1899, Bd. 30, S. 64.

87. **Jousset**, L'inoscopie. Semaine médicale, 1903, 21. janvier.

88. **Jousset**, L'inoscopie. Arch. de méd. exp. et d'anat. pathol. 1903, Nr. 2, Mars.

89. **Beitzke**, Über Untersuchungen an Kindern iu Rücksicht auf die von Behringsche Tuberkulose-Infektionstheorie. Berl. kl. W., 1905, Nr. 2, S. 33.

90. **Zumstein**, (zitiert bei Sawada, Nr. 80.)

91. **Zangger**, Über die Funktionen des Kolloidzustandes bei den Immunkörperreaktionen. Zusammenf. Übersicht. Zentralbl. f. Bakt. Referate, Bd. 36, Nr. 6 ff., S. 161 etc.

92. **Métalnikoff**, Über hämolyt. Serum durch Blutfütterung. Zentralbl. f. Bakt., Bd. 29, 1901.

93. **Sachs**, Die Hämolysine und ihre Bedeutung für die Immunitätslehre. Sonderabdr. aus Lubarsch-Ostertags Ergebnissen etc. Wiesbaden, Bergmann 1902.

94. **Cantacuzène**, Sur les variations quantitatives et qualitatives des globules rouges provoquées chez le lapin par les injections de sérum hémolytique. Ann. de l'Inst. Pasteur. 1900, T. 14. S. 378.

95. **Ascoli**, Über den Mechanismus der Albuminurie durch Eiereiweiß. Münchn. med. W., 1902, Nr. 10, S. 398.

96. **Uhlenhuth**, Neuer Beitrag zum spezifischen Nachweis von Eiereiweiß auf biologischem Wege. Dtsch. med. W., 1900, Nr. 46, S. 734.

97. **Michaelis und Oppenheimer**, Über Immunität gegen Eiweißkörper. Arch. f. Anat. u. Physiol., 1902, Suppl.-Bd., 2. Hälfte.

98. **v. Behring**, Säuglingsmilch, Woche, 1904, H. 2.

99. **Gerber und Wieske**, Flaschen-Pasteurisation im Großbetriebe (Schüttel-Pasteurisation). Molkerei-Zeitung, Separatabdruck (ohne Angabe von Jahreszahl und Nummer).

100. **Hippius**, Biologisches zur Milchpasteurisierung. Jahrb. f. Kinderheilk. III. F., Bd. 11, H. 2, S. 365.

101. **Dieudonné**, Schutzimpfung und Serumtherapie. Leipzig 1900, Barth. II. Aufl. (III. Aufl. 1903 unter d. Titel »Immunität, Schutzimpfung und Serumtherapie).

102. L. Michaelis, Weitere Untersuchungen über Eiweifs-Präcipitine. Dtsch. med. W., 1904, Nr. 34, S. 1240.

103. Rostoski, Zur Kenntnis der Präzipitine. Verhandl. d. phys. med. Ges. zu Würzburg, 1902, Stuber, S. 15.

104. Neumeister, Lehrbuch der physiol. Chemie etc. Jena 1897. Fischer.

105. Gürber und Hallauer, Über Eiweifsausscheidung durch die Galle. Zeitschr. f. Biol., 1904, Bd. 45, S. 372.

106. Salkowski, Praktikum der physiol. u. pathol. Chemie. Berlin 1893. Hirschwald.

107. P. Th. Müller, Weitere Studien über die Fällung des Kaseins durch Lab und Laktoserum. Zentralbl. f. Bakt., 1902, Bd. 32, S. 521.

108. Hamburger, Arteigenheit und 'Assimilation, Leipzig u. Wien 1903, Deuticke (S. 44).

109. Obermeyer und Pick, Biologisch-chemische Studie über das Eierklar. Wien. klin. Rundschau, 1902, Nr. 15.

110. Moro, zitiert nach Hamburger (111).

111. Hamburger, Biologisches zur Säuglingsernährung. Wiener med. W., 1904, Nr. 5, S. 217.

112. Pawlow, Die Arbeit der Verdauungsdrüsen. Wiesbaden 1898.

113. Hammarsten, Zeitschr. f. phys. Chemie, Bd. 7, S. 227; zitiert nach Czerny-Keller (119).

114. Söldner, Die Salze der Milch. Inaug.-Diss., Erlangen 1888.

115. Escherich, Beiträge zur Frage der künstlichen Ernährung. Jahrb. f. Kinderheilk., 1891, Bd. 32, S. 1.

116. Courant, Über die Reaktion der Kuh- und Frauenmilch. Inaug.-Diss., Breslau 1891.

117. Arthur und Pages, Arch. de physiol., 1890, Bd. 2, p. 331; zitiert n. Czerny-Keller (119).

118. Oppenheimer, Die Fermente. Leipzig 1900. Vogel.

119. Czerny und Keller, Des Kindes Ernährung. Ernährungsstörungen und Ernährungstherapie. Leipzig u. Wien 1901 u. folg. Jahre. Deuticke.

120. Schlofsmann, Über die Giftwirkung des artfremden Eiweifses in der Milch etc. Arch. f. Kinderheilk., 1905, Bd. 41, H. 1—2, S. 99.

121. Hamburger und Sperk, Biologische Untersuchungen über Eiweifs-resorption vom Darm aus. Wiener klin. W., 1904, Nr. 23.

122. Moro, Biologische Beziehungen zwischen Milch und Serum. Vortrag. Hamburger Naturforscher- u. Ärzteversammlung 1901. (Verhandl. der Ges. f. Kinderheilkunde, Wiesbaden. Bergmann, 1902.)

123. Schlofsmann, Diskussion zu obigem Vortrag.

124. Moro, Über die Fermente der Milch. Jahrb. f. Kinderheilk., 1902, Bd. 56, S. 391.

125. Hamburger und Moro, Über eine neue Reaktion der Menschenmilch. Wiener klin. W., 1902, Nr. 5, S. 121.

126. Bernheim-Karrer, Untersuchungen über das Fibrinferment der Milch. Zentralbl. f. Bakt., Bd. 31, 1902, Nr. 9.

127. Ganghofner und Langer, Über die Resorption genuiner Eiweiß- körper im Magendarmkanal neugeborener Tiere und Säuglinge. Münchn. med. W., 1904, Nr. 34, S. 1497.

128. Ransom, Beschreibung des Fohlenversuchs durch v. Behring, zitiert bei Römer(2).

129. Polano, Experim. Beiträge zur Biologie der Schwangerschaft. Habil. Schrift, Würzburg 1904, Stürtz.

130. Marx, Die Bestimmung kleinster Mengen Diphtherie-Antitoxins. Zentralbl. f. Bakt., Bd. 36, S. 141.

131. Siegert, Referat der Salgeschen Arbeit (136) im Münchn. med. W., 1904.

132. Pharmazeutische Produkte der Farbwerke vorm. Meister Lucius & Brüning, 1903.

133. Römer, Zur Frage des physiol. Stoffaustausches zwischen Mutter und Fötus. Zeitschr. f. diätet. u. physik. Therapie, Bd. 8, H. 2, S. 97.

134. Polano, Der Antitoxinübergang von der Mutter auf das Kind. Ein Beitrag zur Physiologie der Placenta. Zeitschr. f. Geburtsh. u. Gynäkol., Bd. 53, H. 3.

135. Römer, Weitere Studien zur Frage der intrauterinen und extrauterinen Antitoxinübertragung von der Mutter auf ihre Nachkommen. Behrings Beiträge etc., H. 8. Hirschwald, 1905.

136. Salge, Über den Durchtritt von Antitoxin durch die Darmwand des menschlichen Säuglings. Jahrb. f. Kinderheilk., III. F., Bd. 10, 1904, H. 1.

137. Salge, Immunisierung durch Milch. Jahrb. f. Kinderheilk., III. F., Bd. 11, 1905, H. 3.

138. Jakob, Über die Bedeutung der Lungeninfusionen für die Diagnose und Therapie der Lungentuberkulose. Dtsch. med. W., 1904, Nr. 26, S. 945 etc.

139. Ficker, Über die Keimdichte der normalen Schleimhaut des Intestinal- traktus. Arch. f. Hyg., 1905, Bd. 52, S. 179.

140. Klimenko, Durchgängigkeit der Darmwand für Mikroorganismen. Zeitschr. f. Hyg. u. Infektionskr., B. 48, S. 67.

141. Emmerich und Gemünd, Beiträge zur experim. Begründung der Pettenkoferschen lokalistischen Cholera- und Typhuslehre. Münchn. med. W., 1904, Nr. 25, S. 1089.

142. Ficker, Über die Aufnahme von Bakterien durch den Respirations- apparat. Arch. f. Hyg., 1905, Bd. 53, H. 1, S. 50.

143. Gmelin, Untersuchungen über die Magenverdauung neugeborener Hunde. Pflüg. Arch., Bd. 90, S. 591.

144. Gmelin, Zur Magensaftsekretion neugeborener Hunde. Pflüg. Arch., Bd. 103, S. 618.

145. Cohnheim und Soetbeer, Die Magensaftsekretion des Neugeborenen. Zeitschr. f. phys. Chem., Bd. 37, S. 467.

146. Seiffert, Die Versorgung der großen Städte mit Kindermilch. I. Teil, Leipzig 1904. Weigel (S. 84).

147. Voit und Bauer, Über die Aufsaugung im Dick- und Dünndarme. Zeitschr. f. Biol., 1869, Bd. 5, S. 536.

148. Hoppe-Seyler, Physiologische Chemie, 1877, Bd. 1, S. 348.

149. Heidenhain, Beiträge zur Histologie und Physiologie der Dünndarmschleimhaut. Pflügers Arch., 1888, Bd. 43, Suppl., S. 63.

150. Heidenhain, Neue Versuche über die Aufsaugung im Dünndarm. Pflügers Arch., 1894, Bd. 56, S. 584.

151. Oppenheimer, Toxine und Antitoxine. Jena 1904. Fischer.

152. Chassin et Moussu, Influence de la dialyse etc. Soc. Biol., 1900, Bd. 52, p. 694; zit. nach Oppenheimer.

153. Nencki und Schoumow-Simanowski, Die Entgiftung der Toxine durch die Verdauungssäfte. Zentralbl. f. Bakt., 1898, Bd. 23, S. 840.

154. Ransom, Das Schicksal des Tetanusgiftes nach seiner intestinalen Einverleibung. Dtsch. med. W., 1898, S. 117.

155a. Repin, Annales de l'Inst. Pasteur, 1895, Bd. 9, S. 517.

155b. Carrière, Soc. Biol., 1899, Bd. 51, S. 179, beide zitiert nach Oppenheimer.

156. Schütz, Zur Kenntnis der natürlichen Immunität des Kindes im ersten Lebensjahre. Jahrb. f. Kinderheilk., III. F., Bd. 11, S. 122.

157. Schmidlechner, Übergang der Toxine von der Mutter auf die Frucht. Ztschr. f. Geburtsh. u. Gynäk., Bd. 52, H. 3.

158. Disse, Untersuchungen über die Durchgängigkeit der jugendl. Darmwand für Tuberkelbazillen. Berl. kl. W., 1903, Bd. 40, S. 4.

159. Reyher, Über die Ausdehnung der Schleimbildung in den Magenepithelien des Menschen vor und nach der Geburt. Jahrb. f. Kinderheilk., III. F., Bd. 10, H. 1, S. 16.

160. Benda, Diskussionsbemerkung zum Vortrag Westenhöffers (55). Ref. Berl. kl. W., 1904, Nr. 9, S. 232.

161. Toldt, Die Entwicklung und Ausbildung der Drüsen des Magens. Sitzungsber. der k. k. Akad. d. Wissensch. math.-naturw. Kl., Bd. 82, S. 57.

162. Fischl, Beiträge zur normalen und pathologischen Histologie des Säuglingsmagens. Zeitschr. f. Heilkunde, 1891, Bd. 12.

163. Schmidt, A., Unters. über das menschl Magenepithel unter normalen und pathol. Verhältnissen. Virch. Arch., 1896, Bd. 143, S. 483.

164. Sacerdotti, Über die Entwicklung der Schleimzellen des Magendarmkanales. Intern. Monatsschr. f. Anat. u. Physiol., 1894, Bd. 11, S. 501.

Erklärung der auf der Tafel befindlichen Figuren:

Fig. 1. Typische Knötchenlunge (Meerschweinchen). Größe $\frac{1}{1}$ Kayserling-Präparat.

Fig. 2. Schnitt durch eine normale Lunge. Lupenvergrößerung 5 : 1.

Fig. 4. Der gleiche Schnitt. Stärkere Vergrößerung (Leitz Obj. 3, abgeschr. Okul. 1, gezeichnet in Objekttischhöhe).

Fig. 3. Schnitt durch eine Knötchenlunge. Lupenvergrößerung 7 : 1.

Fig. 5. Der gleiche Schnitt. Stärkere Vergrößerung (genau wie Fig. 4).

Fig. 6. Sehr großes Lymphknötchen aus einer normalen Lunge. (Leitz, Öl-Immers. Okul. 1. T. 16. Bod.)

Fig. 7. Teil eines Knötchens aus einer typischen ›Knötchenlunge‹ gleiche Vergrößerung wie Fig. 6). Die Größe des ganzen Knötchens geht aus der beigegebenen Skizze hervor, in die der Ausschnitt mit Strichen eingezeichnet ist.

Lebhafte Kernteilungen; viele große, chromatinarme ›aufgeblasene‹ Zellen.

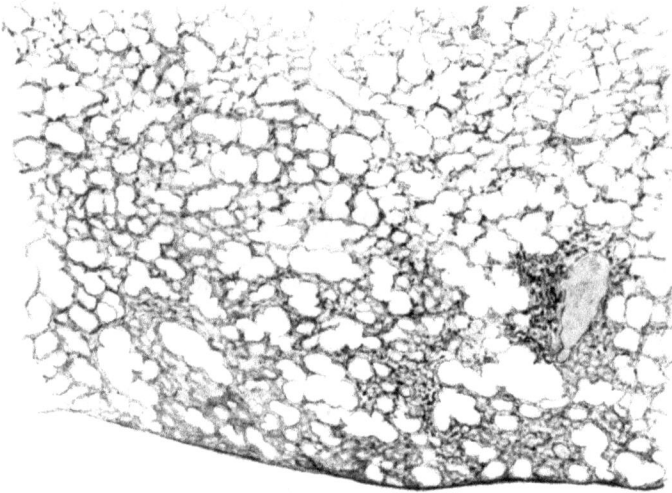

Fig. 4.

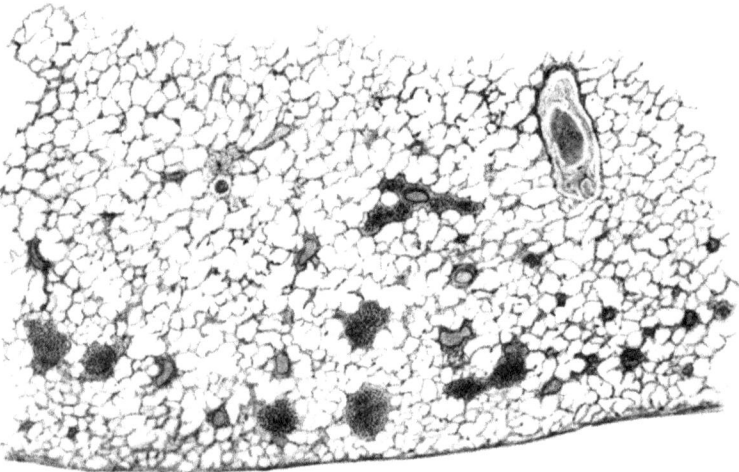

Fig. 5.

1.

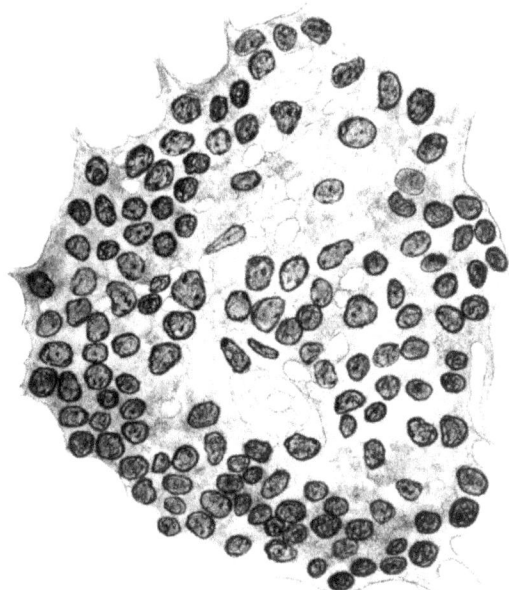

Fig. 6.

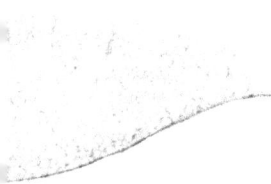

2.

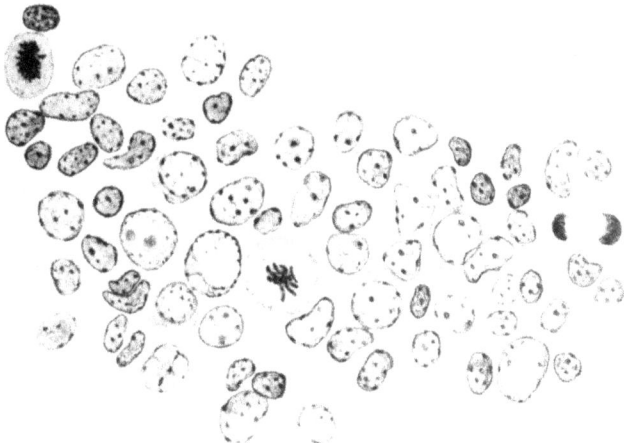

Fig. 7 a.

3.

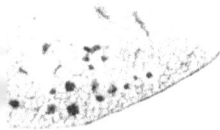

Fig. 7 b.

Die Knötchenlunge«.